Laborwerte verstehen

Was bedeuten Veränderungen im Blut und anderen Körperflüssigkeiten?

Norbert Gässler
Hildesheim
Oktober 2014

Meiner lieben Familie gewidmet

Prof. Dr. Dr. N. Gässler
Hildesheim

Impressum

ISBN 978-3-8495-8855-7 (Paperback)
ISBN 978-3-8495-8856-4 (Hardcover)
ISBN 978-3-8495-8857-1 (e-Book)

Inhaltsverzeichnis

1   Wasser und Elektrolyte

Elektrolyte sind Stoffe, die in wässrigen Lösungen elektrische Ladungen weitergeben; d.h. sie können den elektrischen Strom leiten. Hierzu zählen Säuren und Basen und insbesondere deren Salze. Die positiv geladenen elektrischen Teilchen heißen Kationen. Zu den wichtigsten kationischen Elektrolyten zählen Kalium, Natrium, Calcium und Magnesium.
Anionen heißen die elektrisch negativ geladenen Teilchen; Chlorid, Phosphat und Sulfat sind hierfür Beispiele.
Die Verteilung von Kationen und Anionen im Körper bildet ein empfindliches Gleichgewicht, es wird Elektrolythaushalt genannt. Normalerweise herrscht im Körper elektrische Neutralität; d.h. Kationen und Anionen sind im Gleichgewicht. Unterschiedliche Vorgänge und Krankheiten können jedoch Einfluss auf die ausbalancierte Ionenkonzentration nehmen, wie z. B. Schwitzen, Erbrechen, Durchfall und Nierenerkrankungen. Die so bedingte Verschiebung der Elektrolyt-Zusammensetzung wird kompensatorisch durch andere, meist gegenpolige Elektrolytveränderungen ausgeglichen.

Die Konzentration eines bestimmten Elektrolyten ist häufig innerhalb der Zellen different von der Konzentration außerhalb der Zellen, dem so genannten extrazellulären Raum.
Der Transport der Ionen erfolgt aktiv und passiv durch die Grenze der Zellen hinweg, d.h. innerhalb der Zellmembran. Dieser Ionenaustausch und die damit verbundenen Elektrolytkonzentrationen innerhalb und außerhalb der Zellen bedingt u. a. die Informationsübertragung in unserem Nervensystem.
Verschiedene körpereigene Stoffe, wie z. B. Hormone nehmen Einfluss auf dieses empfindliche Regelsystem und verändern die intra- und extrazellulären Ionen-Konzentrationen.

Eng mit den Elektrolytkonzentrationen verknüpft ist die Regulation des Wasserhaushaltes im Körper. Die Körperflüssigkeit ist Ausgangs- und Endprodukt zahlreicher biochemischer Reaktionen und für das Funktionieren der Lebensprozesse unentbehrlich. Im menschlichen Körper, der beim Baby zu ca. 80 %, beim Erwachsenen zu 70 % und im Alter zu 60 % aus Wasser besteht, ist ein fein strukturiertes Regulationssystem entwickelt, das den Elektrolyt-

Wasserhaushalt unabhängig von der täglich aufgenommenen Menge über weite Bereiche konstant hält. Vom gesamten Körperwasser verteilen sich ca. 7 % auf die Blutflüssigkeit, ca. 23 % auf die Gewebeflüssigkeit und ca. 70 % auf die Zellflüssigkeit, d.h. auf den intrazellulären Raum.

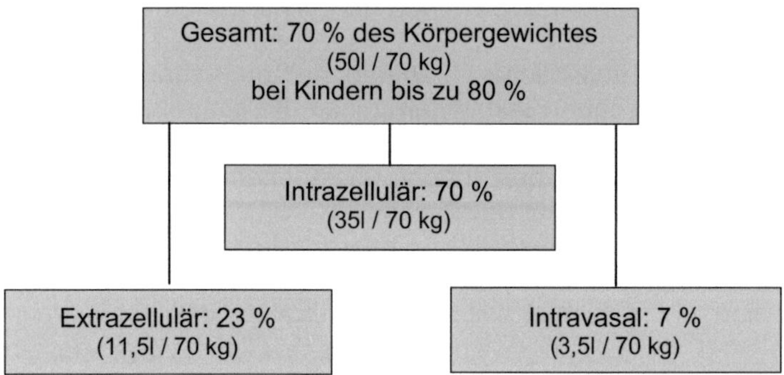

Abb. 1: Verteilung des Körperwassers

Zur Aufrechterhaltung des Blutkreislaufes ist ein definiertes Volumen der extrazellulären Blutflüssigkeit notwendig. Abweichungen hiervon können mit der Natriumkonzentration oder der Osmolarität erkannt werden.
Die Osmolarität ist die Summe aller osmotisch wirksamen Substanzen im Plasma, z. B. Elektrolyte, Glukose (erhöht bei Diabetes mellitus), Harnstoff (erhöht bei Nierenschäden) u. a. mehr.

Die Wasserzufuhr, d.h. das Trinken, ist lebensnotwendig. Der Mensch kommt nur wenige Tage (max. zehn) ohne Flüssigkeitszufuhr aus. Der Wasserhaushalt wird durch Wasserzufuhr und -verlust bestimmt. Die durchschnittliche Wasserzufuhr beträgt täglich ca. 2,5 Liter. Die gleiche Menge wird täglich wieder abgegeben; 0,5 l mit der Atemluft, 0,4 l mit dem Schweiß, 0,1 l mit dem Stuhl und 1,5 l als Urin ausgeschieden.

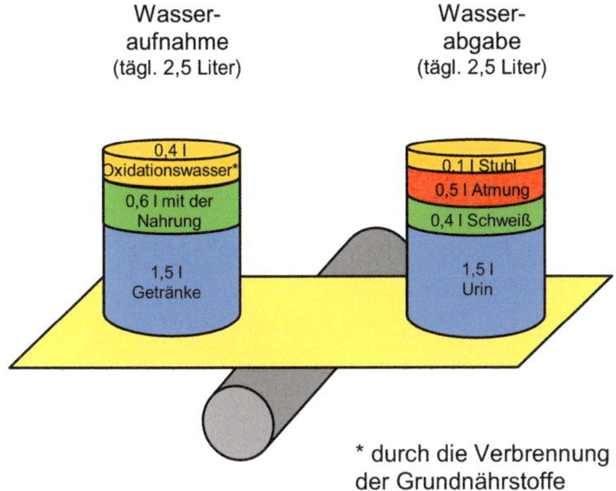

Abb. 2: Wasserhaushalt

Zusätzlich zum Wasser werden auch Mineralstoffe, d.h. Elektrolyte, ausgeschieden. Die Niere als zentrales Organ besitzt die Fähigkeit steuernd in den Elektrolyt- und Wasserhaushalt einzugreifen. Aber auch Hormone und das Nervensystem können auf diese Homöostase regulierend einwirken.

Diagnostik

Natrium, Kalium und Chlorid die wichtigsten intra- und extrazellulären Kationen werden im Labor sehr häufig mit ionensensitiven Elektroden gemessen. Zu den wichtigsten Elektrolyten im Körper zählen:

Positiv geladene Kationen	<ul><li>Na^+ (Natrium)</li><li>K^+ (Kalium)</li><li>Ca^2 (Calcium)</li><li>Mg^{2+} (Magnesium)</li></ul>
Negativ geladene Anionen	<ul><li>Cl^- (Chlorid)</li><li>HCO^{3-} (Bikarbonat)</li><li>$PO4^{3-}$ (Phosphat)</li><li>Weitere negativ geladene Teilchen, z. B. auch größere Proteine</li></ul>

Tab. 1: Elektrolyte

Erhöhte oder erniedrigte Natriumwerte lassen Rückschlüsse auf den Wasserhaushalt zu, während Konzentrationsänderungen des Kaliums vor allem Verteilungsstörungen kennzeichnen.

Täglich wird ca. 1 bis 2,5 g Natrium benötigt; das entspricht einer täglichen Aufnahme von ca. 2 - 6 g Kochsalz (NaCl). Ungefähr 100 g Natrium werden im menschlichen Körper gespeichert. Der Verlust an Natrium über den Schweiß und Urin entspricht der täglichen Zufuhr.
Jedoch kann die Natriumzufuhr bei Erbrechen und Durchfall, größeren Schweißverlusten oder erhöhten Harnmengen ungenügend sein. Aber auch das Gegenteil, die erhöhte Zufuhr von Natrium kann gesundheitsschädlich sein und sich in Form von Wasseransammlungen, Kopfschmerzen, Bluthochdruck u. a. zeigen.
Besonders in Fleisch, Fisch, Käse, Saucen, Kartoffelchips u. v. mehr sind größere Mengen Natrium in Form von Kochsalz enthalten.

Kalium ist das wichtigste Kation innerhalb der Zellen. Der Kaliumhaushalt wird durch verschiedene Hormone aber auch durch Glukose und Insulin in sehr engen Grenzen reguliert.
Der tägliche Kaliumbedarf liegt bei ca. 2 g und wird mit besonders kaliumreichen Lebensmitteln wie Bananen, Aprikosen, Fruchtsäften, verschiedensten Gemüsesorten u. v. mehr gedeckt. Die Kaliumkonzentration im Blut ist eng gekoppelt mit der Kaliumkonzentration innerhalb der Zellen. Zu hohe Kaliumkonzentrationen können zu Herzrhythmusstörungen bzw. zu Herzstillstand führen. Der pH-Wert des Blutes hat erheblichen Einfluss auf die Kaliumkonzentration im Plasma bzw. Serum.

Selten indiziert ist die zusätzliche Konzentrationsbestimmung von Chlorid um Störungen der Flüssigkeits- und Elektrolytbilanz oder Störungen des Säure-Basen-Haushalts zu kennzeichnen.

Wasser greift als Energie- und Informationsträger direkt in die energetisch-informationellen Regulationsvorgänge des Körpers ein. Die Erkenntnis, dass elektromagnetische Schwingungen auf das Wasser in unseren Körper gelangen, macht sich die Homöopathie im positiven Sinne zu Nutzen.

2   Vitamine und Spurenelemente

Vitamine, Mineralien und Spurenelemente sind lebensnotwendige Stoffe. Ihre Aufgaben sind sehr vielfältig, sie regulieren und aktivieren den biologischen Stoffwechsel, die körperliche und geistige Leistungsfähigkeit und sie sind an Schutz- und Immunprozessen beteiligt, z. B. bei der Blutbildung, beim Knochenaufbau und bei der Zellatmung.
Der menschliche Organismus ist nicht oder nur unter bestimmten Voraussetzungen in der Lage, Vitamine selbst herzustellen. In den meisten Fällen ist der Körper auf die Nahrungsaufnahme von Vitaminen und Spurenelementen angewiesen. Obwohl der tägliche Bedarf hierfür im Nano- und Mikrogramm-Bereich liegt, sind nach Berichten z. B. der Deutschen Gesellschaft für Ernährung bis zu 20 % der deutschen Bevölkerung mit Vitaminen und Spurenelementen unterversorgt. Zu Mangelerscheinungen kommt es meist bei Unterernährung oder einseitiger Ernährung, gestörter Aufnahme aus dem Darm und erhöhtem Vitaminbedarf, z. B. während der Schwangerschaft und Stillzeit.
Mögliche Anzeichen dieser Mangelzustände können Müdigkeit, Erschöpfung, Schlafstörungen, Depressionen, Nervosität, Reizbarkeit, Konzentrationsstörungen und sexuelle Inaktivität sein.

Vitamin C (Ascorbinsäure) als wichtigster Vertreter der wasserlöslichen Vitamine ist für die Stimulation der Abwehrkräfte, des Infektionsschutzes und seiner Funktion als Radikal-Fänger bekannt; ebenso wie **Vitamin D** (Calciferol) für seine Funktion im Calciumstoffwechsel für die Knochenbildung und den Knochenaufbau bekannt ist.
Folsäure (Vitamin B 9), **Vitamin B 12** (Cyanocobalamin) und **Pyridoxin** (Vitamin B 6) haben wesentlichen Anteil an der Blutbildung und dem Homocystein-Abbau.
Das fettlösliche **Vitamin K** ist essentiell für die Blutgerinnung. **Vitamin A** wird innerhalb der retinalen Stäbchenzellen im Auge zum Dämmerungs- und Nachtsehen benötigt; ferner wirkt dieses Vitamin als Schutzstoff für die Haut.

Vitamin	empfohlene tägliche Menge
Vitamin A (Retinol)	0,8 – 1,1 mg
Vitamin B_1 (Thiamin)	1,1 – 1,6 mg
Vitamin B_2 (Riboflavin)	1,5 – 1,8 mg
Vitamin B_6 (Pyridoxin)	1,6 – 2,1 mg
Vitamin B_{12} (Cobalamin)	ca. 0,003 mg
Vitamin C (Ascorbinsäure)	75 mg
Vitamin D	0,005 mg
Vitamin E (Tocopherol)	12 mg
Folsäure	0,36 mg
Vitamin K	0,065 – 0,08 mg

Tab. 2: Vitamine

Wesentliche Spurenelemente und ihre Hauptfunktionen sind im Folgenden aufgeführt:

Magnesium verändert an der Zellmembran die Durchlässigkeit von Natrium-, Kalium- und Calcium-Ionen. Das führt z. B. zur Auslösung der Herzkontraktion und beeinflusst den Herzrhythmus oder bestimmt die neuromuskuläre Erregbarkeit durch Auslösung von Nervenaktionspotentialen.

Kupfer wird in vielen Enzymen als Kofaktor benötigt und beeinflusst die Blutbildung, Pigmentbildung und die Synthese des Bindegewebes (Kollagenaufbau).

Eisen ist Bestandteil des sog. körpereigenen Kraftwerks (Mitochondrien) und wird für den Sauerstofftransport und der Sauerstoffspeicherung in den roten Blutkörperchen benötigt

Fluor fördert die Tätigkeit von knochenaufbauenden Enzymen (Osteosynthese). Außerdem härtet Fluor den Zahnschmelz und verhindert somit die Schädigung des Zahnes durch im Mund entstehende Säuren aus bakterieller Zersetzung.

Jod ist Bestandteil der Schilddrüsenhormone. Bei Jodmangel kommt es zur Schilddrüsenunterfunktion mit klinischen Zeichen, wie niedrige Pulsfrequenz, Verlangsamung des gesamten Stoffwechsels, Antriebslosigkeit und Müdigkeit. Äußeres Kennzeichen des Jodmangels ist häufig ein Kropf (Halsverdickung durch wucherndes Schilddrüsengewebe).

Zink ist Bestandteil des Immunsystems und schützt vor Virusinfektionen. Es ist in über 60 Enzymen beinhaltet und notwendig für gesunde und vitale Haut und gesundes Haar.

Chrom reguliert u. a. die Blutfette und den Blutzuckerspiegel. Außerdem erhöht Chrom die Aufnahme von Aminosäuren und verbessert die Eiweißneubildung und ist somit essentiell bei der Abwehrfunktion des menschlichen Organismus.
Selen wirkt als Antioxidans und Radikal-Fänger und schützt somit gemeinsam mit dem Vitamin C die Zelle vor schädlichen Substanzen.
Mangan ist Kofaktor bei einer Reihe von manganabhängigen Enzymen. Es fördert die geistige Belastbarkeit und wird bei der Übertragung der Muskelreflexe benötigt. Da Mangan in allen Zellen der Leber vorkommt, besitzt es eine leberschützende Wirkung.

Diagnostik
Häufigste Ursache von Vitamin-Mangelzuständen (Hypovitaminosen) sind Störungen bei der Vitaminaufnahme, schwere Lebererkrankungen und einseitige Ernährung.
Hypervitaminosen (Vitaminüberschuss) können lediglich bei Vitamin A und D beobachtet werden. Die quantitative Vitamin-Bestimmung wird aufgrund der aufwendigen Diagnostik, häufig mittels chromatographischer Methoden (HPLC), nur in speziellen Fällen durchgeführt.

Ähnliches gilt auch für die isolierte Bestimmung von Spurenelementen. Diese werden ebenfalls aufwendig mittels Atomabsorptions-Spektrometrie bestimmt. Die Indikation zur quantitativen Bestimmung erfolgt entweder isoliert oder in Kombination mit anderen Parametern anhand der Ausprägung klinischer Symptome.

Der tägliche Bedarf von Vitaminen ist sehr unterschiedlich; während 5 bis 50 µg Vitamin D ausreichen, sollten jedoch mindestens 75 mg besser 1 g und mehr Vitamin C mit der Nahrung aufgenommen werden.

Auch bei den Spurenelementen variiert der essentielle (lebensnotwendige) Bedarf sehr stark. In Anhängigkeit von Lebensalter und Geschlecht reichen z. B. 12-15 mg Zink, ca. 190 µg Jod, ca. 100 µg Chrom oder Selen, 1,5-3 mg Kupfer und 10-15 mg Eisen täglich aus.

Element	Menge
Chrom	30 - 100 µg
Selen	86 - 155 µg
Jod	186 - 200 µg
Fluor	1 - 1,5 mg
Kupfer	1,5 - 3,0 mg
Mangan	2 - 5 mg
Eisen	10 - 15 mg
Zink	12 - 15 mg
Magnesium	300 - 400 mg

Tab. 3: Spurenelemente und Mineralstoffe

Eine gesunde und abwechslungsreiche Ernährung führt im Regelfall zur Aufnahme ausreichender Mengen von Spurenelementen und Vitaminen. Im Folgenden sind einige Nahrungsmittel mit hohen Vorkommen an Spurenelementen aufgeführt:

Chrom: Linsen, Vollkornbrot, Hühnerfleisch, Hefe

Eisen: Leber vom Schwein und Rind, Hühnerfleisch, Obst, Linsen, Hirse, Austern

Fluor: Mineralwasser, See- und Meeresfrüchte, Käse, Fleisch und Tee

Jod: Seefische, Krustentiere, jodiertes Speisesalz

Kupfer: Innereien von Tieren, Schalentiere, Schokolade, Nüsse

Selen: Vollkornprodukte, Naturreis, Getreidekeimlinge, Pilze, Spargel, Eier, Hefe, Fisch und Schalentiere

Magnesium: Nüsse, Kerne, Hülsenfrüchte, Grüngemüse und grüner Salat, Bananen, Fisch und Fleisch

Zink: Tierische Nahrungsmittel (Fleisch, Fisch, Milch), Vollkornprodukte, Sprossen und Keimlinge, Kartoffeln, Karotten, Erbsen, Linsen, Spinat, Löwenzahn und Feldsalat

Mangan: Nüsse, Mandeln, Sonnenblumenkerne, Vollkornprodukte, Naturreis, Spinat, Hülsenfrüchte und Kartoffeln

3 Calcium und Knochenstoffwechsel

Knochen unterliegen ständigen Auf- und Abbauprozessen und zählen deshalb zu stoffwechselaktiven Geweben. In den Skelett-Knochen sind 99 % des Calciumbestandes des Menschen (insgesamt ca. 1 kg) gebunden. Die im Blut befindlichen Calciumionen werden jeden Tag vollständig mit dem Calcium-Pool der Skelettknochen ausgetauscht. Somit kann mit der Messung freier Calciumionen im Blutplasma oder -serum auf Störungen des Calciumhaushalts geschlossen werden. Calcium wird zum überwiegenden Teil über die Nieren ausgeschieden. Deshalb ist es nötig täglich ca. 16 mmol Calcium mit der Nahrung aufzunehmen, um in kein Defizit zu kommen. Da etwa die Hälfte der im Blut befindlichen Calciumionen an Proteine gebunden ist können Änderungen der Eiweiß-Konzentrationen zu empfindlichen Konzentrationsveränderungen der freien Calciumionen führen. Außerdem ist diese Proteinbildung vom pH-Wert des Blutes abhängig. Eine Azidose (Übersäuerung) führt zu einem Anstieg und eine Alkalose hat den Abfall von freiem ionisiertem Calcium zur Folge.
Neben der Hauptfunktion von Calcium im Stoffwechsel des Knochens ist Calcium an der Aktivierung des Komplementsystems bei Abwehrprozessen, an der Blutgerinnung, an der Übertragung der nervalen Innervation an Muskeln und am Säure-Basen-Gleichgewicht beteiligt. Die Steuerung von Aufnahme oder Abgabe von Calcium erfolgt über das Parathormon aus der Nebenschilddrüse, über Calcitonin aus den C-Zellen der Schilddrüse und mit Hilfe von Vitamin D.
Ein Mangel an Calcium wird **Hypocalcämie** genannt. Verschiedenste Erkrankungen, z. B Hypoparathyreoidismus, chronische Niereninsuffizienz und Hyperphosphatämie, aber auch falsche Ernährung führen zum Calciummangel; häufigste Ursachen sind jedoch hormonelle Störungen (Parathormon-Mangel). Das Beschwerdebild ist äußerst vielseitig. Äußerliche Zeichen sind trockene Haut, ggf. Ekzeme, Haarausfall und Brüchigkeit der Nägel. Klinische Zeichen können Krämpfe, Inkontinenz, Herzrhythmusstörungen, Hypotonie, gestörte Zahnentwicklung und gestörter Knochenstoffwechsel sein.

Der Calciumüberschuss oder die **Hypercalcämie** ist häufig durch
eingeschränkte Nierenfunktion bedingt. Es kommen aber auch andere Ursachen, wie Überdosierung von Vitamin D, extreme Calcium-
zufuhr oder Hyperparathyreoidismus in Betracht. Gefürchtete Symptome einer Hypercalcämie sind Herzrhythmusstörungen, Hypertonie
und Arteriosklerose.
Eine hyercalcämische Krise ist eine Notfall-Situation und muss durch
Rehydrierung, Calcitonin-Gabe und evtl. Hämodialyse therapiert
werden.

Eng mit der Calcium-Konzentration verknüpft ist die Regulation des
Knochenstoffwechsels:

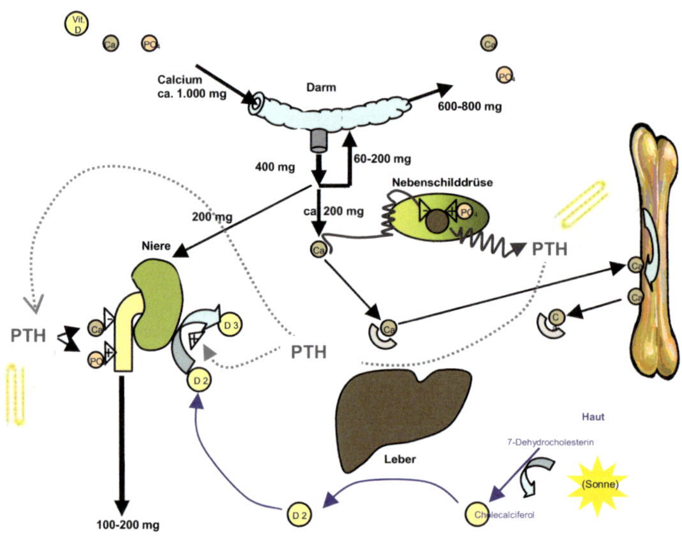

Abb. 3: Calcium-/Knochenstoffwechsel

Während des gesamten Lebens wird Knochensubstanz auf- und
abgebaut, wobei bis zum 30. bis 40. Lebensjahr die Aufbauprozesse
überwiegen. Danach vermindert sich die Knochenmasse jährlich um
etwa 1,5 %. Zellen, welche Knochengrundsubstanz synthetisieren
werden Osteoblasten genannt. Gegenspieler auf der zellulären Ebe-
ne sind Osteoklasten, die das Knochengewebe wieder abbauen.

Gesteuert werden diese Osteoklasten vom Parathormon aus der Nebenschilddrüse. Sinkt der Calciumspiegel im Blut unter einen bestimmten Grenzwert, dann werden die Osteoklasten aktiviert, um Calcium aus dem Knochen zu lösen und ins Blut abzugeben. Calcitonin, ein weiteres Hormon aus der Schilddrüse, bremst die Tätigkeit der Osteoklasten, um einen übermäßigen Abbau von Knochensubstanz zu vermeiden.

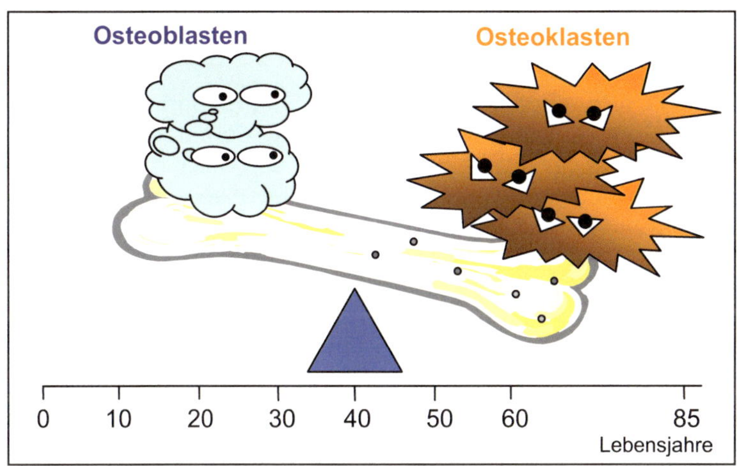

Abb. 4: Knochenauf-/-abbau

Aufbau- und Umbau-Prozesse im Knochen werden mit Beginn der Pubertät durch die Sexualhormone, das Östrogen bei der Frau und das Testosteron beim Mann, gesteuert. Weil die Knochenstruktur bei Erwachsenen stark vom Einfluss der Sexualhormone abhängt, kommt Osteoporose (Knochenabbau oder -schwund) bei Frauen häufig erst nach den Wechseljahren vor. Die hormonelle Umstellung bei der Frau führt zu einer deutlichen Konzentrationsverminderung von Östrogen und damit zum verstärkten Abbau von Knochenmasse. Gegensätzlich wirkt körperliche Bewegung, sie regt den Knochenstoffwechsel an und fördert die Knochendichte.

Neben Röntgenuntersuchungen, Knochendichtemessungen und Knochenhistologie liefern laborchemische Parameter wie das Calcium wichtige Informationen zum Knochenauf- und -abbau. Dies gilt insbesondere für die Osteoporose und die Risikobewertung von Knochenfrakturen.

Darüber hinaus werden für die Diagnostik und Verlaufskontrolle verschiedenster Osteopathien Marker des Knochenauf- und -abbaus bestimmt. Osteocalcin, Prokollagen-Peptide und die knochenspezifische Alkalische Phosphatase kennzeichnen die Funktion der Osteoblasten, d.h. der knochenaufbauenden Zellen. Hydroxyprolin, Desoxy- und Pyridinolin-Crosslinks sind Marker für die knochenabbauenden Zellen, die Osteoblasten.
Calcium und Phosphat kennzeichnen insbesondere Veränderungen der mineralischen Substanz der Knochen.

Der tägliche Calciumbedarf beträgt ca. 650 mg (16 mmol); dies entspricht einer ungefähren Menge von 9 g/kg Körpergewicht. Milch und Milchprodukte bilden die Hauptquellen der Calciumversorgung. Während der Schwangerschaft, der Laktationsperiode und bei Wachstumsschüben von Jugendlichen und Kindern sollten zusätzlich ca. 1 g Calcium je Tag mit der Nahrung aufgenommen werden, um den notwendigen Bedarf ausreichend zu decken.
Die biologisch wirksame Form des Calciumgehaltes im Blut entfällt nur auf die freie ionisierte Form (ca. 48 % des Gesamtbestandes). Der Rest ist an Proteine gebunden oder liegt in komplexierter Form vor.

<u>Diagnostik</u>
Knochenerkrankungen sind häufig nicht oder erst sehr spät als äußere Zeichen für eine Störung des Calciumstoffwechsels zu erkennen. Außerdem maskieren uncharakteristische rheumatische Beschwerden die Diagnose der Knochenerkrankungen. Kausalfaktoren können jedoch häufig hinterfragt werden, z. B. Ernährungsstörungen, Magen- und Darmaffektionen, Nierenkrankheiten, hämatologische und endokrine Störungen und nicht zu vergessen die längerfristige Immobilisierung. Bei solchen Anzeichen ist regelmäßig die Röntgendiagnostik primär indiziert. Als Laboruntersuchungen sind immer die Bestimmungen von Calcium und anorganischem Phosphat von Bedeutung. Spezialuntersuchungen, um die Funktion des Knochenaufbaues bzw. -abbaues zu analysieren, ebenso wie die bioptischen Untersuchungen werden meist erst sekundär veranlasst.

4   Proteine und Aminosäuren

Proteine, auch Eiweiße genannt, sind lebensnotwendig. Sie steuern als Enzyme und Hormone viele endogene Stoffwechsel. Proteine bestehen aus Aminosäuren. Diese werden in essentielle und nicht-essentielle Aminosäuren unterschieden. Erstere müssen daher mit der Nahrung aufgenommen werden. Bei Unterernährung dienen Proteine auch als Energielieferanten, besonders in Entwicklungsländern treten solche Eiweißmangelerkrankungen auf.
Eine weitere wichtige Funktion der Proteine ist die Bildung von Gerüst- und Stützsubstanzen im Körper, z. B. als Kollagen im Bindegewebe, Sehnen, Bändern, Knochen und als Keratin in Haaren und Nägeln.

Besondere Bedeutung haben die sogenannten Plasmaproteine. Albumin stellt den höchsten Anteil von den Plasma- bzw. Serumproteinen und steuert den kolloidosmotischen Druck, d.h. die Flüssigkeitsverteilung im Körper. Außerdem dient Albumin der Konstanthaltung des pH-Wertes des Blutes *(s. Kap. 17 Säure-Basen-Haushalt)* und ist wichtiges Transportmittel für endogene und exogene Substanzen im Gefäßsystem, z. B. für Medikamente und Toxine.
Die Globuline umfassen viele Einzelproteine, sowohl niedermolekulare Proteine, als auch hochmolekulare Immunglobuline. Anhand ihres charakteristischen Verteilungsmusters bei der elektrophoretischen Verteilung können u. a. Immunmangelzustände oder monoklonale und damit nicht-physiologische Immunglobuline erkannt werden.
Die einzelnen Eiweißgruppen der Plasmaproteine werden vor allem mit Hilfe der Elektrophorese analysiert. Die Elektrophorese ist ein Verfahren, das ein Gemisch von Proteinen anhand ihrer Wanderungsgeschwindigkeit im elektrischen Gleichspannungsfeld in die einzelnen Bestandteile trennt. Elektrische Ladung und Molekülgröße der Eiweiße bestimmen die Wanderungsgeschwindigkeit und somit die Trennung. Besonders das Verhältnis der getrennten Bestandteile zueinander ist für die Diagnose von Erkrankungen hinweisend bzw. aussagekräftig. Man unterscheidet Albumin (59-72 %) als Hauptfraktion und die verschiedenen Globuline α_1- (1,5-4,5 %), α_2- (4,5-10 %), β- (6,5-13 %) und γ-Globuline (10,5-18 %).

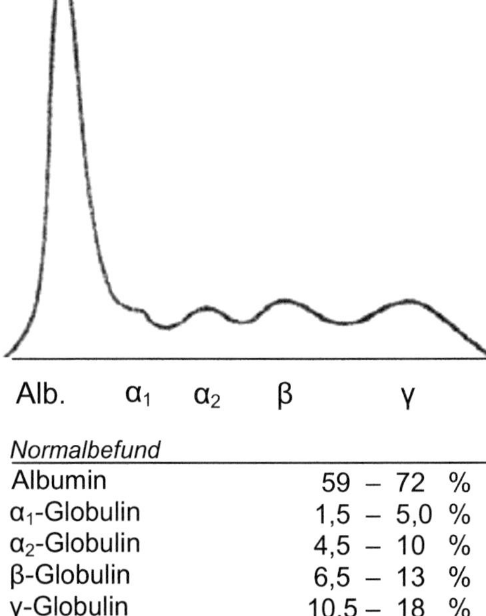

Normalbefund

Albumin	59 – 72	%
α_1-Globulin	1,5 – 5,0	%
α_2-Globulin	4,5 – 10	%
β-Globulin	6,5 – 13	%
γ-Globulin	10,5 – 18	%

Abb. 5: Elektropherogramm (Eiweiß-Elektrophorese)

Bei akuten Entzündungen ist z. B. die Albumin-Konzentration erniedrigt, die α_2-Globulin-Konzentration deutlich erhöht. Ebenso zeigen Erkrankungen wie beispielsweise die Leberzirrhose charakteristische Änderungen im Verhältnis der Eiweißfraktionen zueinander.
Zusätzlich steht eine Vielzahl von Testsystemen, meist auf immunologischer Basis, zur Verfügung um spezifisch einzelne Proteine zu messen.

- Albumin
- α1- Globulinfraktion:
    α_1-Lipoprotein
    saures α_1-Glykoprotein
    α_1-Antitrypsin
    α_1-Antichymotrypsin
    Transcortin
    Thyroxin-bindendes-Globulin
    α_1-Fetoprotein
    Prothrombin

- α2-Globulinfraktion:
    - α_2 Makroglobulin
    - Haptoglobulin
    - Antithrombin III
    - Plasminogen
    - Fibrinogen
    - Transferrin
    - prä-β-Lipoprotein
- β-Globulinfraktion:
    - β-Lipoprotein
    - Hämopexin
    - Properdin (ein Faktor im alternativen Weg des Komplementsystems)
    - Komplementfaktoren
    - C-reaktive Protein (CRP)
- γ-Globulinfraktion:
    - Immunglobuline (Ig-AK)
    - Lysozym

Tab. 4: Proteinverteilung der Elektrophoresefraktionen

Das Plasmaprotein Fibrinogen ist unverzichtbar bei der Blutgerinnung *(s. Kap. 18 Blutgerinnung)*. Fibrinogen zählt zu den Akut-Phase-Proteinen, d.h. zu den Proteinen, deren Konzentrationen im Rahmen entzündlicher Reaktionen schnell ansteigen. Diese werden in der Leber nach Stimulation durch Interleukine gebildet und haben physiologisch sehr unterschiedliche Funktionen.

Wichtigstes Akut-Phase-Protein ist das C-reaktive Protein, welches an der Elimination körpereigener, toxischer Substanzen beteiligt ist. Darüber hinaus haben die herzspezifischen Proteine, wie z. B. Troponin bei der Myokardinfarkt-Diagnostik Bedeutung erlangt *(s. Kap. 10 Herzdiagnostik)*. Troponin ist ein Bestandteil von Muskelzellen und ist aufgrund seines Aminosäureaufbaues herzmuskelspezifisch.

Angeborene Störungen des Aminosäurestoffwechsels sind häufig durch Enzymdefekte oder Defekte in den Transportsystemen bedingt.
Die Phenylketonurie (PKU) ist eine der bekanntesten Aminosäureabbaustörungen. Aufgrund eines defekten leberspezifischen Enzyms, kommt es zu einem Anstieg der Aminosäure Phenylalanin im Plasma.

Die Häufigkeit liegt bei 1 zu 6.000 bis 10.000, deshalb wurde bereits 1964 ein Neugeborenen-Screening eingeführt. Hierzu wird ein Tropfen Blut auf ein Filterpapier getropft und hohe Konzentrationen von Phenylalanin werden mikrobiologisch anhand der Wachstumshemmung von Keimen identifiziert (Guthrie-Test).

<u>Diagnostik</u>
Oedeme sind häufig durch Flüssigkeitsverschiebungen, besonders in den Armen und Beinen erkennbar. Das Proteinmangel-Oedem wird durch eine massive Konzentrationserniedrigung von Albumin hervorgerufen.
Eine erhöhte Infektanfälligkeit kann durch einen isolierten oder globalen Antikörpermangel bzw. Verminderung der Immunglobuline hervorgerufen werden.
Protein-Konzentrationsveränderungen können ohne großen Aufwand im Urin erkannt werden. Ein proteinreicher Harn ist trübe und schäumt sehr leicht. Zur orientierenden Untersuchung stehen darüber hinaus sog. Schnelltests zur Verfügung. Hier können z. B. im Urin erhöhte Protein-Konzentrationen, aber auch die isolierte Konzentrationserhöhung von Albumin gemessen werden. Mit solchen Testsystemen gelingt es auch erhöhte Konzentrationen der Akut-Phase-Proteine, z. B. C-reaktives Protein, halbquantitativ zu messen.

Proteine sollten mit der Nahrung aufgenommen werden und idealerweise ca. 15 % des täglichen Energiebedarfs darstellen. Von den 20 benötigten Aminosäuren sind 9 essentiell und in pflanzlichen und tierischen Proteinen enthalten, d.h. diese müssen durch die Nahrung aufgenommen werden. Je nach Aktivität sollten täglich 0,8 bis 1,2 g, mindestens aber 0,75 g Protein/ kg Körpergewicht zugeführt werden.

Der Mensch verfügt über ein Reservoir von Proteinen. Dieses beträgt ca. 10 kg, davon ca. 9 kg im Muskel und die übrigen 1 kg in Blut und Leber. Endogen werden zusätzlich bis zu 100 g Eiweiß pro Tag aufgenommen, die vom Darm durch die stetige Erneuerung der Zellen stammen. Außerdem werden noch Proteine aus Muskeln, Plasmaproteinen, Hämoglobin und weiße Blutkörperchen dem Proteinstoffwechsel zugeführt. Somit beträgt der durchschnittliche Umsatz (Turnover) an Körperprotein ca. 300 - 400 g pro Tag. Damit reicht das Proteinreservoir nur wenige Tage; danach entsteht ein Eiweißmangel.

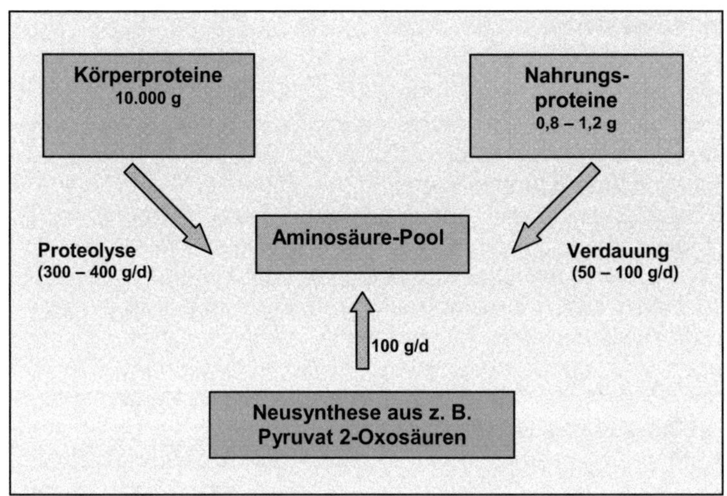

Abb. 6: Bildung der Aminosäuren

Wird durch Ausdauersport oder intensives Muskeltraining ein Wachstumsreiz gesetzt, dann regt man den anabolen Stoffwechsel an. Der Körper reagiert auf diese Belastung und der Muskel wächst. Hierfür werden zusätzliche Mengen an Proteinen benötigt.

Der Eiweißbedarf des Körpers wird jedoch von Kraftsportlern und Bodybuildern deutlich überschätzt, von Ausdauersportlern hingegen oft unterschätzt. In einschlägigen Bodybuilding-Foren liest man Empfehlungen von 3 bis 4 Gramm Eiweiß pro Kilogramm Körpergewicht, die man täglich zu sich nehmen solle. Bei einem 80 Kilogramm schweren Athleten summiert sich das auf 240 bis 320 Gramm Eiweiß. Dies dürfte um mehr als das Zehnfache über der real notwendigen täglichen Proteinzufuhr liegen.

5   Immunsystem

Das Immunsystem dient dem Organismus hauptsächlich zur Abwehr von Fremdstoffen und Krankheitserregern. Zum Immunsystem gehören Organe, Zellen und Proteine (Eiweiße). Sie erbringen die komplexe Funktionalität Krankheitserreger wie Bakterien, Viren, Parasiten oder Pilze zu erkennen und abzuwehren. Darüber hinaus haben sie die Fähigkeit krankhaft veränderte körpereigene Zellen wie Tumorzellen zu erkennen und zu beseitigen. Sie unterscheiden zwischen körpereigenen und körperfremden bzw. krankhaft veränderten Strukturen. Hierdurch wird sichergestellt, dass die Immunreaktion nicht gegen den eigenen gesunden Körper gerichtet wird. Das Immunsystem bedient sich für diese Funktion der sogenannten spezifischen und der unspezifischen Abwehr.
Obwohl unser Organismus über reichliche Schutzbarrieren verfügt, gelingt es körperfremden Substanzen immer wieder in den Organismus einzudringen. Schutzmechanismen und -barrieren sind die Haut, die Tränenflüssigkeit, der Speichel, die Magensäure und Sekrete von Atemwegen, Darm und Scheide zu nennen. Das Immunsystem, zu dem Thymus, Milz, Knochenmark, Lymphknoten, Mandeln, lymphatisches Darmgewebe und Immunzellen gehören, setzt verschiedenste Abwehrmechanismen in Gang.

Die **unspezifische** Abwehr richtet sich gegen alle „Fremdlinge" im Körper; es gibt eine zelluläre und humorale Abwehr. Bei der unspezifischen, zellulären Abwehr wandern Granulozyten, Monozyten und Makrophagen zum eingedrungenen Fremdstoff, bzw. zu den Fremdstoffen. Die Zellen versuchen die Fremdstoffe aufzufressen, zu phagozytieren. Natürliche Killerzellen sind darüber hinaus spezialisiert Tumorzellen und Viren unschädlich zu machen. Die unspezifische humorale Abwehr besteht aus einer Vielzahl an löslichen Botenstoffen, den Zytokinen. Diese Zytokine werden hauptsächlich von den für die Abwehr aktivierten Monozyten und Makrophagen produziert. Zusätzlich verfügt der Organismus über ein komplexes System von ungefähr 20 löslichen Plasmaproteinen, das Komplementsystem. Diese Proteine können fremdes Bakterieneiweiß erkennen, Fresszellen (Makrophagen) anlocken und die Zellwände von Bakterien auflösen. Eine ähnliche Eigenschaft besitzt das Enzym Lysozym, das Kohlenhydrate spalten kann. Lysozym findet sich in der Lymphflüssigkeit, im Speichel und in der Tränenflüssigkeit.

Abwehrsystem	zellulär	humoral
unspezifisch	**NK-Zellen** Makrophagen Neutrophile Granulo- zyten	**Komplement** Zytokine Lysozym
spezifisch	**T-Zellen** T-Helferzellen T-Gedächtniszellen T-Suppressorzellen Zytotoxische T-Zellen	**Antikörper** (produziert von Plasmazellen und B- Gedächtniszellen)

Abb. 7: Teilsysteme der Abwehr

Die **spezifische** Abwehr des Immunsystems richtet sich gezielt gegen bestimmte Antigene; sie muss im Gegensatz zur unspezifischen Abwehr erworben werden. Das bedeutet, dass die spezifische Abwehr erst dann gestartet werden kann, wenn der Organismus einen bestimmten Krankheitserreger kennt. Bei wiederholtem Kontakt mit dem erkrankten Erreger wehrt die erworbene, spezifische Immunreaktion den Erreger ab und verhindert die Erkrankung. Auch hier wird zwischen zellulärer und humoraler spezifischer Abwehr differenziert.

T-Lymphozyten sind die wichtigsten Zellen der spezifischen zellulären Abwehr; sie werden im Thymus gebildet. Sie koppeln mit ihrem Antikörper an das spezielle Antigen. Um diese Kopplung zu vereinfachen präsentiert die erkennende und phagozytierende Zelle (aus dem unspezifischen Abwehrsystem) das Antigen an der Oberfläche und setzt das Zytokin Interleukin-1 frei, welches die T-Lymphozyten herbei lockt. Danach teilt sich der T-Lymphozyt und setzt die spezifische Abwehrreaktion in Gang. Teilungsprodukte sind T-Helferzellen zum Erkennen von Antigenen auf antigenpräsentierenden Zellen, und zum anderen T-Suppressorzellen um die Immunreaktion zu limitieren. Darüber hinaus sind T-Gedächtniszellen zum Speichern einer einmal gelernten speziellen Immunreaktion und zytotoxische T-Zellen (früher auch Killerzellen genannt) speziell für die Abwehr von Viren, weitere Teilungsprodukte der T-Lymphozyten.

Ziel der spezifischen humoraler Abwehr ist die Bildung großer Mengen von Antikörpern. Hierzu werden B-Lymphozyten aus dem Knochenmark im Lymphsystem gespeichert und nach Kontakt mit dem spezifischen Antigen in Plasmazellen umgewandelt. Nach einer Infektion bleibt ein Teil der B-Zellen als B-Gedächtniszellen erhalten. Die Plasmazellen selbst sind Syntheseorte von Antikörpern, auch Immunglobuline genannt.

Die Immunglobuline unterscheiden sich in ihrem Proteinaufbau, ihrer molekularen Masse und in ihrer Funktion und werden in folgende Klassen eingeteilt:

-    Immunglobulin G oder IgG
-    Immunglobulin M oder IgM
-    Immunglobulin A oder IgA
-    Immunglobulin E oder IgE
-    Immunglobulin D oder IgD

Immunglobulin G

Etwa drei Viertel aller Antikörper bestehen aus IgG. Es wird als spezifisches Immunglobulin etwa drei Wochen nach einer Erstinfektion gebildet. Verbleibende spezifische IgG-Antikörper schützen bei einem erneuten Kontakt mit dem Erreger und verhindern den Ausbruch der Erkrankung. Darüber hinaus schützen IgG auch Neugeborene bis zu drei Monate nach der Geburt, da IgG plazentagängig sind.

Immunglobulin M

Bei Erstkontakt eines fremden Erregers mit dem Organismus wird sehr schnell IgM produziert, weshalb IgM auch gelegentlich als Frühantikörper bezeichnet wird. Nach einigen Wochen sinkt die Produktion von spezifischen IgM-Antikörpern ab, weil gleichzeitig spezifisches IgG gebildet wurde und dieses die Abwehrfunktion übernimmt. Gerade dieses dynamische Verhalten von IgM und IgG erlaubt es durch spezielle Labordiagnostik den zeitlichen Verlauf einer spezifischen Infektion zu bestimmen und zu beurteilen.

Immunglobulin A

Immunglobulin A ist das zweithäufigste Immunglobulin im menschlichen Körper. Seine spezifische Abwehrfunktion von Krankheitserregern und Allergenen wird auf den Oberflächen von Schleimhäuten in Nase, Rachen, und Darm vermittelt. Hierdurch wird das tiefe Eindringen von Erregern verhindert. Beim stillenden Säugling wird IgA von der Mutter über die Milch übertragen und somit das Kind in den ersten Lebensmonaten geschützt.

Immunglobulin E
Das IgE spielt speziell bei der Abwehr von Parasiten und bei Allergien eine Rolle. Obwohl die IgE-Konzentration in Relation zur Konzentration aller Immunglobuline nur ein Tausendstel darstellt, ist gerade IgE bei allergischen Prozessen der Hauptbestandteil bei der spezifischen Abwehr. Der Kontakt zwischen Allergen und IgE erfolgt häufig auf der Haut und den Schleimhäuten. Hierdurch werden Stoffe freigesetzt, die eine Entzündungsreaktion auslösen können. Diese Stoffe werden Mediatoren genannt, der bekannteste Mediator ist das Histamin.

Immunglobulin D
Das IgD ist im menschlichen Blut nur in sehr geringen Mengen nachzuweisen. Sowohl Funktion als auch Bedeutung dieses Immunglobulins sind relativ unbekannt.

<u>Immunreaktion</u>
Die Immunreaktion wird erst nach Erkennung eines Fremdkörpers gestartet. Primärreaktion ist die unspezifische zelluläre Abwehr. Hierzu versuchen Granulozyten und die langsamen Makrophagen den fremden Erreger zu phagozytieren; häufigstes Endprodukt ist Eiter. Reicht jedoch die Phagozytose nicht aus, wird die spezifische zelluläre Abwehr in Gang gesetzt. T-Lymphozyten werden durch Zytokine angelockt. Spezifische T-Lymphozyten, d.h. T-Zellen mit passendem Rezeptor koppeln an das an der Zelloberfläche präsentierende Antigen. Durch diesen Prozess wird der T-Lymphozyt aktiv und spaltet sich in zytotoxische T-Zellen (Killerzellen), Suppressor-, Helfer- und Gedächtniszellen. Die T-Helferzellen alarmieren die B-Zellen und regen diese zum Klonen an. Die spezifische humorale Immunreaktion wird gestartet und Antikörper produziert, welche den Eindringling vernichten.

<u>Immunisierung</u>
Durch die zuvor geschilderte Immunreaktion erreicht der Mensch häufig einen lebenslangen Zustand der Immunität. War ein Mensch bereits einmal infiziert, so hat er aktiv spezifische Antikörper gebildet, um sich vor einer erneuten Infektion zu schützen. Häufig reichen geringste Mengen an Erregern aus, um diesen Zustand zu erreichen.

Man nennt diesen Vorgang aktive Immunisierung; hierbei spielt es keine Rolle, ob es sich um abgeschwächte oder abgetötete Erreger handelt.

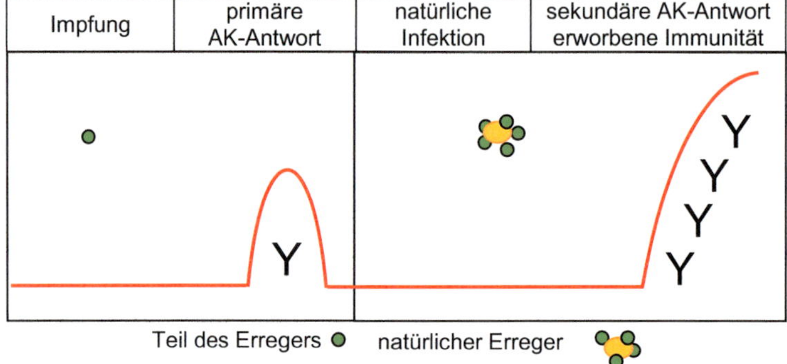

Abb. 8: Aktive Immunität (z. B. Impfung): Teile des Erregers führen zum Schutz

Im Gegensatz hierzu wird bei der passiven Immunisierung Blutserum gespritzt, welches mit spezifischen Antikörpern angereichert wurde. Dieser Schutz wirkt jedoch nur 3-4 Wochen lang, allerdings kann hiermit oftmals der Ausbruch einer Erkrankung nach bereits stattgefundener Infektion verhindert werden.

Säuglinge besitzen in den ersten Lebensmonaten einen natürlichen Schutz gegen fremde Erreger, eine sogenannte angeborene Immunität. Kinder sind während dieser Zeit durch Antikörper der Mutter gegen verschiedenste Krankheiten, wie z. B. Scharlach und Mumps immun.

Allergie

Reagiert das Immunsystem auf den Reiz des Antigens besonders stark, so spricht man von einer Allergie. Dabei bewirken Mediatoren, wie z. B. das Histamin eine Weitstellung der Blutgefäße und andere Mediatoren erhöhen die Durchlässigkeit von Gefäßen. Diese Reaktionen bringen die drei Hauptsymptome einer Entzündung, nämlich Rötung, Wärme und Schwellung mit sich. Histamin bewirkt zusätzlich einen lästigen Juckreiz.

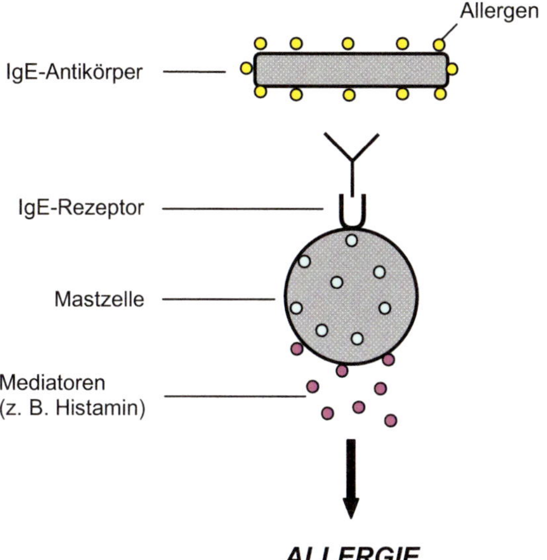

Abb. 9: Mechanismus der Allergie

Autoimmunität
Der Sonderfall einer Immunreaktion tritt ein, wenn sich das Immunsystem gegen Gewebe und Organe des eigenen Körpers richtet. Dies kann z. B. bei einer großen Ähnlichkeit zwischen Oberflächenmerkmal einer körpereigenen Zelle mit dem Virus oder Bakterium der Fall sein; man spricht hier von Autoimmunität.

Immunsystem-Defekte
Stärkste Ausprägung eines Defektzustandes des Immunsystems ist das Krankheitsbild bei AIDS (aquired immuno deficency syndrom). Auslöser dieser schwerwiegenden Infektionserkrankung ist das humane Immunvirus HIV.

Diagnostik
Symptome eines Antikörpermangel-Syndroms sind erhöhte Infektanfälligkeit und chronische Infektionen.
Vermehrung der Immunglobuline können polyklonalen oder monoklonalen Ursprungs sein. Bei der letzteren Form produziert eine einzige Plasmazelle ein biochemisch und physikalisch gleiches Immunglobulin oder Immunglobulinfragment. Es liegt hierbei häufig

eine maligne Grunderkrankung vor (z. B. Plasmozytom, auch Non Hodgkin-Lymphom und Morbus Kahler genannt, oder Morbus Waldenström).

Eine orientierende Untersuchung zur Bestimmung des Immunstatus gelingt durch Analyse des Blutbildes, der Blutsenkungsgeschwindigkeit und der Serum- bzw. Immunelektrophorese. Die quantitative Bestimmung der Immunglobuline erlaubt eine differenzierte Aussage zur Immundefizienz. Und serologische Untersuchungen sind bei Infektionsverdacht indiziert.

Allergien werden als spezifischer RAST-Nachweis (Radio-Allergo-Sorbent-Test) oder durch Bestimmung der Gesamt-IgE-Konzentration nachgewiesen. Häufig können diese auch zusätzlich an der erhöhten Konzentration von eosinophilen Zellen im Blutbild *(s. Kap. 12, Blutbild und Hämatologie)* erkannt werden.

Zum Nachweis von AIDS werden HIV-Antikörper (HIV-1 und -2) als Such- und Bestätigungstest nachgewiesen.

6 Fette, Lipoprotein-Stoffwechsel

Eine der wichtigsten mit der Nahrung aufgenommenen Bestandteile sind neben Eiweiß und Kohlenhydraten die Fette. Letztere sind für unseren Körper lebensnotwendig. Depotfette sind eine wichtige Energiereserve, auf die der Körper in Hungerzeiten zurückgreifen kann. Diese Fettdepots sind häufig um Organe lokalisiert, um diese zu schützen und zu stabilisieren, wie z. B. die Nieren. Darüber hinaus sind Fette wichtige Bestandteile des Nervengewebes und Vorstufen für Hormone. Außerdem werden Fette zur Aufnahme der essentiellen Vitamine A, D, E und K benötigt.

Fette werden über die Darmschleimhaut aufgenommen und an Apolipoproteinen gebunden (komplexiert); es entstehen Chylomikronen (= Fettpartikel), die auf dem Blutserum bzw. Blutplasma schwimmen. Der größte Teil, der mit der Nahrung aufgenommenen Lipidbestandteile entfällt auf die Triglyzeride. Diese werden bereits im Magen in unterschiedliche Glyzeride und freie Fettsäuren gespalten. Nach Aufnahme (Resorption) dieser Bestandteile werden sie innerhalb der Zelle, genauer im Golgi-Apparat, zusammen mit Cholesterin an Lipoproteine (= Transporteiweße) gebunden und gezielt zu den jeweiligen Funktionszellen transportiert. Für das Cholesterin sind die Lipoproteine LDL (low density lipoprotein) und HDL (high density lipoprotein) zuständig, während VLDL (very low density lipoprotein) hauptsächlich Triglyzeride transportiert. Diese Lipoproteine zirkulieren im Blutplasma und können anhand ihrer unterschiedlichen Konzentrationen möglichen Fettstoffwechselstörungen zugeordnet werden.

Das Lipoprotein LDL transportiert das Cholesterin aus der Leber in die Körperzellen. Ist die Konzentration von LDL erhöht, kann es zu gefährlichen Ablagerungen in den Blutgefäßen, der Atherosklerose, kommen. Deswegen wird das LDL-Cholesterin in der Laienpresse auch als „böses" oder „schlechtes" Cholesterin bezeichnet.

Das Lipoprotein HDL bewirkt den Transport von Cholesterin aus Zellen und Gewebe in die Leber. Dort wird dieses dann verstoffwechselt. Es verhindert somit Cholesterinablagerungen an den Gefäßen und wird somit als Schutzlipoprotein bzw. „gutes" Cholesterin bezeichnet.

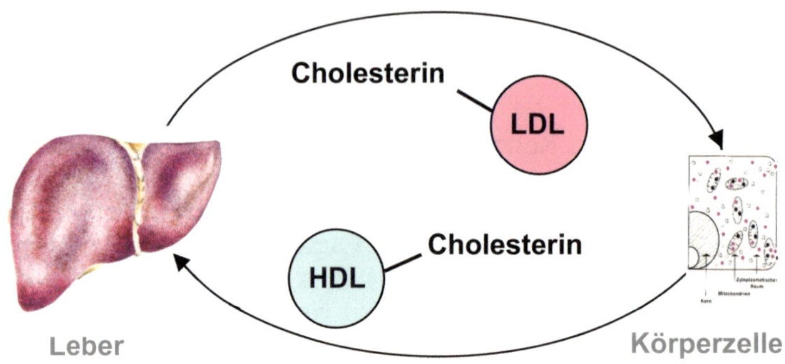

Abb. 10: Cholesterintransport

Zahlreiche Erkrankungen können zu erhöhten Blutfettwerten führen; sowohl genetische als auch exogene Faktoren können eine solche Hyperlipidämie verursachen.

Ist der Cholesterinanteil im Blut erhöht, dann spricht man von einer Hypercholesterinämie, während die Hypertriglyzeridämie eine hohe Konzentration von Triglyzeriden im Blut widerspiegelt.

Sehr häufig treten jedoch diese Störungen kombiniert auf. Die häufigste Ursache der primären Hyperlipoproteinämie, also der genetischen Störungen, sind Chromosomendefekte. Treten Fettstoffwechselstörungen infolge von anderen Erkrankungen, wie z. B. Diabetes mellitus, Schilddrüsenunterfunktion oder Niereninsuffizienz auf, so werden diese als sekundäre Erkrankungen bezeichnet. Die häufigste Ursache für eine Hyperlipoproteinämie ist jedoch eine falsche Ernährung (Überernährung, fettreiche und cholesterinreiche Ernährung, hohe Zufuhr von gesättigten Fetten) bzw. falsche Lebensweise (Übergewicht, mangelnde Bewegung, Stress).

Hohe Serum-Cholesterin-Konzentration, insbesondere von LDL-Cholesterin begünstigen die Entstehung der koronaren Herzkrankheit und des Herzinfarktes. Zusätzliche Risikofaktoren für Herz-Kreislauferkrankungen sind neben erhöhten Triglyzeridkonzentrationen, Rauchen, Bluthochdruck und Diabetes mellitus. Weitere gefürchtete durch Fettstoffwechselstörungen bedingte atherosklerotische Folgeerkrankungen sind Angina pectoris, Durchblutungsstörungen in den Beinen und Schlaganfall.

Äußere bzw. klinisch auffällige Zeichen einer Fettstoffwechselstörung sind bei genetischen (= familiären) Erkrankungen häufig Xanthome (fetthaltige Geschwülste bzw. Aussackungen) der Haut und der Sehnen, Xanthelasmen (fetthaltige Einlagerungen) der Haut, Arcus lipoides (Trübungsring an Hornhautrand, auch Greisenbogen genannt) im Auge bzw. Fischauge und/oder braune Handlinien. Im Blut werden meist hohe Cholesterin-Konzentrationen gemessen. Als Ursache kommen hierbei übermäßige Nahrungszufuhr von gesättigten Fettsäuren, Anorexia nervosa (Magersucht), Hypothyreoidismus (Schilddrüsenunterfunktion), nephrotisches Syndrom (Nierenerkrankung), chronische Lebererkrankungen, Cholestase (Gallenstauung), akut intermittierende Porphyrie und orale Kontrazeptiva (empfängnisverhütende Medikamente) in Betracht.

Dagegen können Hypertriglyzeridämien durch hohe Anteile an einfachen Kohlenhydraten in der Nahrung, Glykogenspeicherkrankheiten, Alkoholkonsum, Bulimie (Ess-Brechsucht), Adipositas (Fettleibigkeit), Schwangerschaft, Diabetes mellitus, Pankreatitis (Bauchspeicheldrüsenentzündung) und Morbus Cushing (Tumor) verursacht werden.

<u>Diagnostik</u>
Bevor mit der Therapie von Fettstoffwechselstörungen begonnen wird ist eine sorgfältige Diagnostik notwendig. Hierzu gehört neben der ausführlichen Anamnese und klinischen Inspektion die Bestimmung von Triglyzerid-, Cholesterin-, HDL-Cholesterin-, LDL-Cholesterin-Konzentration und ggf. weitere Analyte, wie z. B. Lipoprotein (a) und Apolipoproteine im Nüchtern-Blut; d.h. nach einer mindestens 15-stündigen Nahrungskarenz.

- Triglyzeride
- Cholesterin
- HDL-Cholesterin
- LDL-Cholesterin
- Lipoprotein (a)
- Apolipoproteine (Apo-A1, Apo-B, Apo-C2, Apo-E)
- und andere

Tab. 5: Diagnostische Marker für Fettstoffwechselstörungen

Durch weitere Untersuchungen wie z. B. Blutdruckmessungen, EKG und Blutzuckermessungen können andere Erkrankungen und Risikofaktoren von Herz-Kreislauferkrankungen weitgehend ausgeschlossen werden.

Die Klassifikation der Fettstoffwechselstörungen wird anhand der Beschreibungen der Krankheitsbilder und ihrer Ursachen durchgeführt. Insbesondere die Ursachen können häufig mittels Labordiagnostik nachgewiesen werden.

Der tägl. Fettbedarf beträgt ca. 80 g. Der Anteil an Pflanzenfetten mit vielen ungesättigten Fettsäuren sollte besonders hoch sein; z. B. in Oliven-, Haselnuss-, Raps-, Sonnenblumen, Kürbiskernöl und andere Fettsäuren in verschiedenen Gemüsesorten (Spinat, Linsen).

7   Kohlenhydrate und Glukosestoffwechsel

Alle Kohlenhydrate bestehen aus Kohlenstoff, Wasserstoff und Sauerstoff. Entsprechend ihres Aufbaus unterscheidet man zwischen Monosacchariden (z. B. Fruchtzucker oder Traubenzucker), Disacchariden (z. B. Malzzucker, Milchzucker oder Saccharose) und Polysacchariden (z. B. pflanzliche oder tierische Stärke).

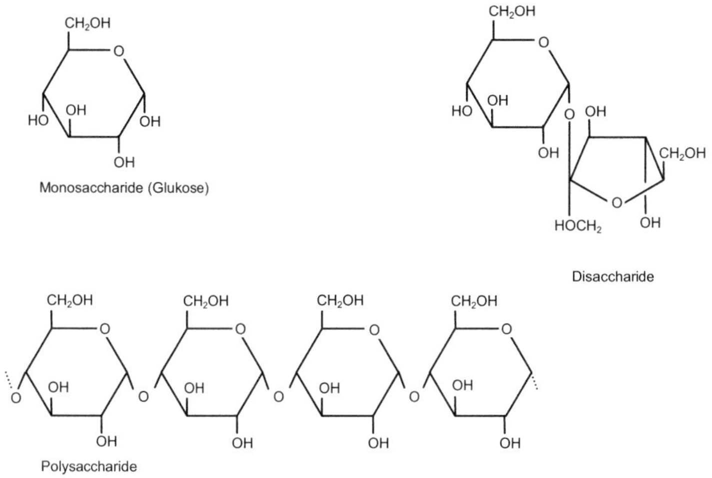

Abb. 11: Aufbau von Kohlehydraten

Der Abbau von Sacchariden (= Zucker) beginnt bereits im Mund mit speziellen Speichelenzymen. Amylasen spalten Stärke und Glykogen sowie Oligosaccharide (Mehrfachzucker). Bereits dieser Vorgang veranlasst die Bauchspeicheldrüse eine Reihe von Enzymen (Hydrolasen), wie die α-Amylase, Lipase, Sterinesterase und andere mehr zu sezernieren. Darüber hinaus werden auch Proteinasen, Peptidasen und Phospholipase-A2 in inaktiven Vorstufen gebildet. Durch diese Enzyme werden Di- und Polysaccharide in Monosaccharide, u. a. in die lebensnotwendige Glukose, gespalten. Die Glukose wird ebenso wie andere Nährstoffe über die Darmschleimhaut via Blutkreislauf zur Leber transportiert. Die Leber ist einer der wichtigsten Speicher für Glukose, als Speicherform Glykogen, findet sich aber auch im Muskelgewebe.

Hauptabnehmer der Glukose sind jedoch die mit dem Blut versorgten Organe und Körperzellen. Unter Zuhilfenahme von Sauerstoff wird Glukose zu Kohlendioxyd und Wasser verbrannt. Dieser Prozess wird Glykolyse genannt und ist ein langsamer Prozess. Unverbrauchte Glukose, bedingt durch übermäßige Zufuhr mit der Nahrung, wird über Acetyl-CoA in Fett, einer zusätzlichen Speicherreserve, umgewandelt und in speziellen Fettdepots des Körpers abgelagert.

Der Stoffwechsel der Kohlenhydrate ist ein komplexer Vorgang, der über Hormone gesteuert wird. Das einzige blutzuckersenkende Hormon ist Insulin. Blutzuckersteigernd wirken vor allem Glukagon, Cortisol (ACTH), Wachstumshormone (z. B. STH), Thyroxin (Schilddrüsenhormon) sowie die Katecholamine.

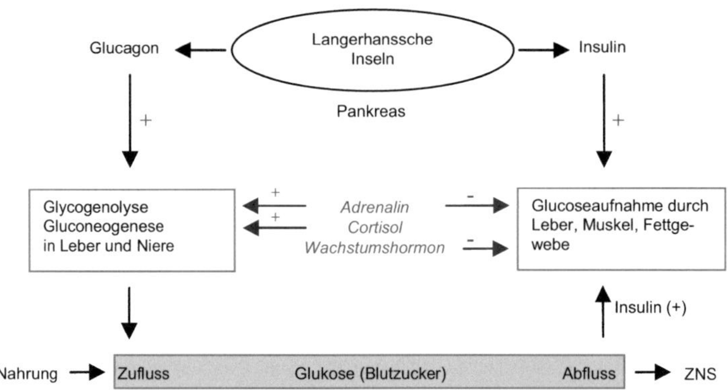

Abb. 12: Stoffwechsel von Kohlehydraten

Kohlenhydrate sind reine Energielieferanten; 1 g Kohlehydrate liefert 4,1 kcal Energie. Sie sind vor allem in Getreide und Getreideprodukten, z. B. Brot, Müsli, Reis, Nudeln, Haferflocken zu finden. Außerdem liefern Obst und Zucker Kohlenhydrate. Da der Körper laufend Energie verbraucht, benötigt er eine Zufuhr von ca. 10 g/kg Körpergewicht. Hiefür kann auch reiner weißer Zucker oder ausgemahlene Mehle, sie bestehen hauptsächlich nur aus Kalorien, dienen. Diese enthalten jedoch weder die für die Verdauung notwendigen Vitamine, noch Mineralstoffe. Werden diese dem Körper zugeführt, so bekommt dieser zwar Energie, aber die lebensnotwendigen Baustoffe müssen aus den Reservespeichern genommen werden, so können Mangelzustände bei Vitaminen und Mineralstoffen entstehen.

Voraussetzung für jede körperliche Arbeit ist ein reibungsloser Nachschub an Energie. Bei Aktivitäten werden die in den Muskelzellen gelagerten Mengen an Kreatin-Phosphat unter Zuhilfenahme von Adenosindiphosphat (ADP) zu Adenosintriphosphat (ATP) umgesetzt. Dieses ATP ist der eigentliche Energielieferant. Für Dauerleistungen reicht aber der Vorrat an Kreatin-Phosphat in der Muskulatur nicht aus, d.h. Stoffwechselvorgänge sind für die ATP-Nachbildung notwendig. Zum einen wird Glukose mit den aus den Fetten stammenden Fettsäuren unter Sauerstoffverbrauch zu ATP umgesetzt; diesen Vorgang nennen wir aerob. Bei vollständiger Oxidation von einem Molekül Glukose werden in der Zelle 36 Moleküle ATP gewonnen. Dieser Vorgang zur Energielieferung ist sehr sinnvoll, da die Fettvorräte des Körpers nahezu unerschöpflich, nämlich bei einem Normalgewichtigen ca. 20-25 kg, sind. Zum anderen werden Glukosemoleküle ohne Sauerstoff verstoffwechselt; diesen Vorgang nennen wir anaerob.

Glucose als bedeutendster Anteil der Kohlehydrate, liegt im Körper insgesamt als Glykogen (Pool) mit ca. 350 - 400 g vor; dies entspricht ca. 1.500 kcal. Dieser Vorrat wird hauptsächlich in der Muskulatur (65 %) und in der Leber (35 %) gespeichert. Im Blut zirkulieren ca. 20 g Glukose, d.h. es liegt eine Blutglukose-Konzentration von etwa 100 mg/dl bzw. 5,5 mmol/l vor.

Bei vermehrtem Verbrauch von Glukose, z. B. bei überdurchschnittlicher körperlicher Tätigkeit, bei reduzierter Nahrungszufuhr und unter gesteigerten Insulin-Konzentrationen kommt es zum Erreichen der kritischen Grenze der Blutglukose von 45 mg/dl (2,5 mmol/l), der **Hypoglykämie.** Hierbei ist der Verbrauch an Glukose aus Fett- und Muskelzellen schneller als die Synthese. Am meisten gefürchtet ist der cerebrale Glukosemangel. Nach 10 bis 15 Min. ist das intrazelluläre Glukosereservoir des Gehirns verbraucht und es kommt zum hypoglykämischen Koma (Bewusstlosigkeit).

Unter dem Begriff **Hyperglykämie** versteht man eine Blutkonzentration von >140 mg/dl (7,8 mmol/l) Glukose. Wird bei einer längerfristigen Hyperglykämie zusätzlich eine Glukosurie (Nachweis von Glukose im Urin) festgestellt, so sind dies klinische Zeichen des Krankheitsbildes Diabetes mellitus.

Diabetes mellitus ist ein heterogenes Syndrom mit Störungen des Kohlenhydratspiegels und des Fettstoffwechsels. Diagnostischer

Befund ist die Hyperglykämie. Differentialdiagnostisch kommen zwei Diabetes-Formen in Betracht:

Typ I - Diabetes ist ein insulinabhängiger Diabetes mellitus, er manifestiert sich meist vor dem 30. Lebensjahr, beginnt akut und zeigt die klassischen Diabetes-Symptome.

Typ II - Diabetes ist ein nicht-insulinabhängiger Diabetes mellitus; er wird auch Altersdiabetes genannt. Meist tritt dieser Diabetes erst beim Erwachsenen auf und ist häufig mit Übergewicht vergesellschaftet. Die Diabetes-Symptome sind häufig nicht so stark ausgeprägt. Als Sonderform wird der Typ II-Diabetes vor dem 25. Lebensjahr als MODY (Maturity Onset Diabetes on the Young) bezeichnet.

Darüber hinaus unterscheidet man noch zwischen Schwangerschafts-Diabetes und speziellen Diabetesformen; z. B. sekundärer Diabetes und pathologischer Glukose-Toleranz.

Das diabetische Koma- ist eine der gefährlichsten akuten Komplikationen des Diabetes mellitus. Darüber hinaus können Spätschäden wie die diabetische Nephropathie (Nierenschäden), Arteriosklerose (einengende Gefäßablagerungen) und koronare Herzkrankheiten beobachtet werden.

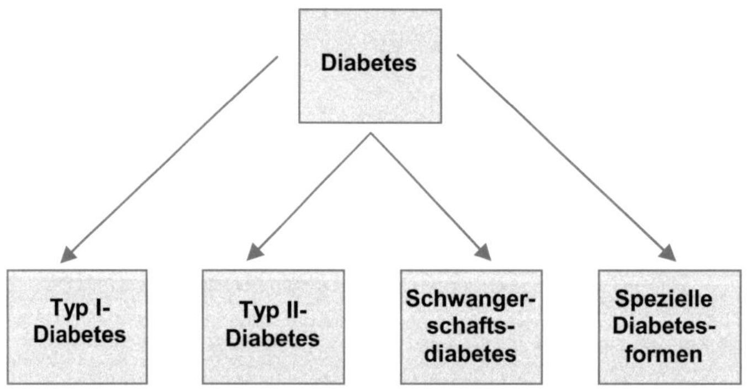

Abb. 13: Diabetesformen

<u>Diagnostik</u>

Zur Diagnose wird die Glukosekonzentration im Nüchtern-Blut gemessen. Ab einer Glukosekonzentration >120 mg/dl (>6.6 mmol/l)
im Vollblut, bzw. >140 mg/dl (>7,8 mmol/l) im Plasma/Serum wird
von einer diabetischen Stoffwechsellage gesprochen. Zur exakten
Diagnosesicherung kann der orale Glukose-Toleranz-Test (oGTT)
ebenso wie die zusätzliche Bestimmung der Glukosekonzentration
im Urin herangezogen werden. Beim oGTT wird die Blutglukose-
Regulationsfähigkeit des Körpers mit Hilfe einer starken Stimulation
nach Aufnahme von 75 g Glukose bestimmt. Hierzu sind 2 Blutab-
nahmen, die Bestimmung der Nüchtern-Glukosekonzentration und
die Bestimmung der Glukosekonzentration 2 Stunden nach Stimulation, notwendig.

Bei manifestem Diabetes mellitus, besonders als Ausgangsbefund
für Therapiekontrollen ist die Bestimmung des Hämoglobins-A1$_c$
indiziert. HbA1$_c$ ist ein Hämoglobin-Derivat, das durch nicht-
enzymatische Reaktionen von Glukose mit dem Hämoglobin entsteht. Der Anteil dieses glykierten Hämoglobins korreliert mit Höhe
und Dauer der hyperglykämischen Stoffwechsellage. Da die Glykie-
rung irreversibel ist, wird glykiertes Hämoglobin erst mit dem Abbau
der Erythrozyten, die eine Halbwertszeit von ca. 120 Tagen besitzen,
aus dem Blut eliminiert. Deshalb wird dieser HbA1$_c$-Wert häufig als
Blutglukose-Gedächtnis bezeichnet. Er unterliegt nicht der durch
äußere Einflüsse sehr stark schwankenden Glukosekonzentration.

Weitere diagnostische Untersuchungen, wie Insulinspiegel- und C-
Peptid-Spiegel werden nur bei spezieller Indikation durchgeführt.

8   Leberfunktion

Die Leber ist mit einem Gewicht von 1,5 bis 2 kg das größte Organ
des menschlichen Körpers. Sie liegt im rechten Oberbauch unmittelbar unter dem Zwerchfell und besitzt zwei ungleich große Leberlap-
pen. Unter der Leberkapsel liegt das schwammartige Bindegewebs-
gerüst, in dem die Blutgefäße verlaufen. Das Lebergewebe ist in
zahlreiche Leberläppchen von etwa 1 - 2 mm Durchmesser geglie-
dert. In der Mitte dieser Leberläppchen liegt ein zentrales Blutgefäß,
die Zentralvene.

Die Leber hat viele Funktionen. Man könnte sie mit einer Fabrik ver-
gleichen, die viele Substanzen herstellt (Synthese) aber auch für die
Regulierung von zahlreichen Stoffwechselgleichgewichten (Homöostase) verantwortlich ist.

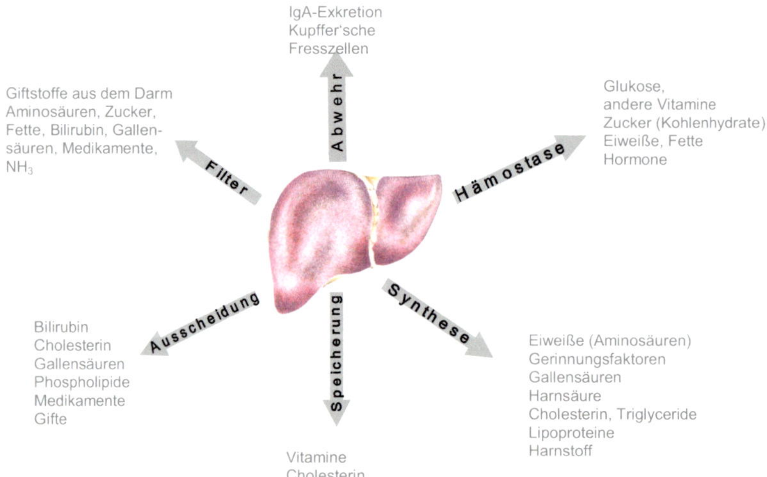

Abb. 14: Homöostase der Leber

Außerdem entsorgt die Leber als Ausscheidungsorgan eine Reihe
von Abbauprodukten, z. B. Medikamente, Gifte und Bilirubin. Medikamente werden von der Leber aufgenommen, dort abgebaut und
anschließend ausgeschieden. Als Filter zwischen dem Darm und
den verschiedenen Organen des Menschen verhindert die Leber

z. B., dass Bakterien aus dem Darm in die Blutbahn gelangen. Deshalb ist die Leber ein wichtiges Organ unseres Abwehrsystems.

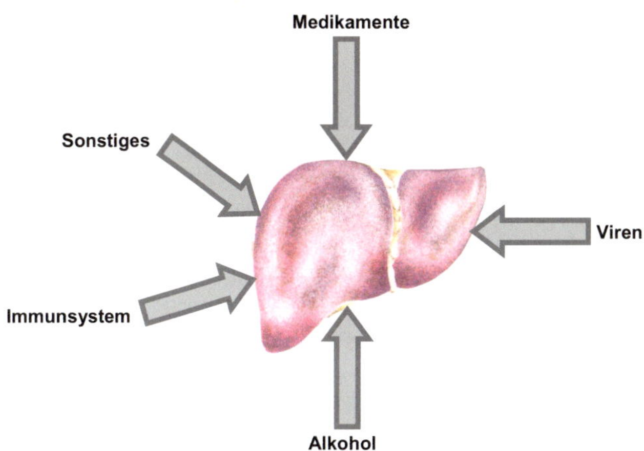

Abb. 15: Entgiftungs- und Ausscheidungsfunktion der Leber

Innerhalb der Leber werden Kohlenhydrate in Form von Glykogen gespeichert und bei Bedarf wieder als Kohlenhydrate freigesetzt. Dieser Vorgang wird durch etliche Hormone gesteuert. Adrenalin, Glukagon und Kortison fördern den Abbau von Glykogen, dagegen unterstützt Insulin den Aufbau von Glykogen. Bei Glukosemangel besitzt die Leber außerdem die Fähigkeit aus Eiweißen und Fetten Glukose herzustellen (Glukoneogenese). Fette und Proteine unterliegen in der Leber einem ständigen Um- bzw. Abbau (z. B. Harnstoffzyklus und Aminosäuren-Synthese). Zahlreiche Blutbestandteile wie z. B. Albumin und Faktoren zur Blutgerinnung werden innerhalb der Leber synthetisiert.

Die Leber produziert Albumin, Globulin, Prothrombin, Fibrinogen, Transferrin, Plasminogen, um nur die wichtigsten Proteine zu nennen, insgesamt über 95 % aller Bluteiweiße. Damit stellt die Leber auch Stoffe her, die in der Blutgerinnung eine wesentliche Rolle spielen. Zusätzlich speichert sie in ihrem Gewebe Vitamin K, einen Kofaktor beim Gerinnungssystem.

Überschüssige Aminosäuren werden von der Leber in andere Aminosäuren umgewandelt. Für diesen Transaminierungsprozess werden spezifische Leberenzyme, sog. Transaminasen oder Aminotransferasen benötigt.

Wesentliche Anteile der vom Darm aufgenommenen Fette werden in der Leber umgebaut. Das hierbei gebildete Cholesterin wird größtenteils für die Gallensaftproduktion verwendet. Über die Produktion von Gallensaft und deren Abgabe im Zwölffingerdarm bewirkt die Leber indirekt den Fettabbau.

Die Leber entgiftet körpereigene Stoffe. So entsteht beim Eiweißabbau das zelltoxische Ammoniak. Die Leber wandelt Ammoniak in Harnstoff um, damit das Stoffwechselprodukt von den Nieren ausgeschieden werden kann. Darüber hinaus baut die Leber verschiedene Hormone ab, z. B. Östrogen. Die Leber kann aber auch Medikamente und andere für den Körper schädliche Stoffe in ausscheidungsfähige und damit nicht-toxische Produkte umwandeln.

Überalterte rote Blutkörperchen (Erythrozyten) werden in der Milz abgebaut. Hierbei fällt Eisen an, welches in der Leber gespeichert wird. Bei Bedarf kann die Leber dieses Speichereisen wieder ins Blut freisetzen oder im Knochenmark zur Bildung neuer Erythrozyten zur Verfügung stellen.

Durch den regen Stoffwechsel erzeugt die Leber Wärme. Die durchschnittliche Temperatur der Leber liegt ca. 1,5 °C höher als die der anderen inneren Organe. Hiermit leistet die Leber einen sehr wichtigen Beitrag zur Aufrechterhaltung der Körpertemperatur.

<u>Diagnostik</u>
Bei der Beurteilung und Diagnostik von Lebererkrankungen ist in Anbetracht der vielfältigen Einzelfunktionen und der Komplexität grundsätzlich eine gemeinsame Symptom-orientierte klinische, morphologische (Tastbefund, Bildgebung und evtl. Histologie) und laborchemische Betrachtungsweise anzustreben.

Hinweise auf eine Leberstörung können an einer gelblichen Verfärbung der Haut oder der Skleren (Lederhaut der Augen) erkannt werden. Weitere mögliche Hinweise auf Leberstörungen sind Lacklippen oder die Lackzunge. Beim Mann können die Bauchglatze (typische weibliche Anordnung der Schambehaarung) und eine weibliche Brustbildung (Gynäkomastie) auftreten; Zeichen für einen mangelnden Abbau von Oestrogen in der Leber.

Vergrößerungen, Verhärtungen oder eine höckerige Oberfläche der Leber können durch Palpation (Ertasten) der Leber erkannt werden und einen ersten Hinweis auf bestehende Leberschäden (Zirrhose) geben. Durch Perkussion (Beklopfen) können die obere und untere Lebergrenze ermittelt und somit die Größe der Leber abgeschätzt werden.

Die Ultraschall-Diagnostik ergibt zusätzliche Hinweise auf Zysten, Verfettung der Leber, Lebertumore und Leberzirrhose.

Erkrankungen der Leber treten oft in den Vordergrund, obwohl sie häufig Folge von anderen zugrundeliegenden Krankheiten sind. Leberleiden verändern häufig die Größe und Form des Organs, verursachen jedoch selten Schmerzen. So sind die Symptome bei Lebererkrankungen meist uncharakteristisch und vieldeutig; Leistungsminderung, Appetitlosigkeit, Fettunverträglichkeit, Übelkeit, Völlegefühl, Juckreiz, Gelenkbeschwerden und Oberbauchschmerzen.
Häufigste und wichtigste akute Infektionskrankheit der Leber ist die Virushepatitis. Nach den Erregern werden die Hepatitisarten unterschieden:

Hepatitis A	wird häufig durch Schmierinfektionen (fäkal) oder oral (ungekochte Meeresfrüchte) übertragen.
Hepatitis B und C	werden hauptsächlich durch Blutaustausch oder durch Geschlechtsverkehr (Sperma, Vaginalsekret, Verletzungen) übertragen.
Hepatitis D und E	sind im europäischen Raum noch relativ selten anzutreffen.

Die akute Hepatitis kann sich in ca. 10 % der Fälle in eine chronische Verlaufsform entwickeln. Darüber hinaus sind längerfristiger Medikamentengebrauch oder toxische Wirkungseinflüsse, z. B. übermäßige Alkoholzufuhr, für diese Form der Lebererkrankung häufig ursächlich verantwortlich. Hierbei ist die Leber meist vergrößert und verhärtet.

Hepatitis-Viren sind Erreger der klassischen, infektiösen Gelbsucht

- **Ikterus (Gelbsucht)**
- **Übertragung oral oder parenteral**
- **Immunität nach Infektion**
- **akute und chronische Formen**

Laborbefunde:
- **Bilirubin ↑**
- **GPT (= ALT) ↑**
- **GOT (= AST) ↑**
- **yGT ↑**
- **yGlobuline (Elektrophorese)**
- **spezifische serologische Befunde (HAV, HBV, HCV, etc)**

Abb. 16: Auswahl an labordiagnostischen Werten bei Hepatitiden

Die Leberzirrhose ist eine Sonderform für eine chronisch fortschreitende Lebererkrankung. Hierbei geht Lebergewebe durch Nekrose zugrunde und es kommt zur unstrukturierten Wucherung von Bindegewebe (Narbengewebe) innerhalb der Leber. Die Leber verhärtet sich durch das schrumpfende Bindegewebe. Die Oberfläche der Leber ist dann nicht mehr glatt, sondern höckerig. Außerdem wird durch den Umbau des Bindegewebes die Durchblutung des Organs behindert und es kommt zur Stauung und Drucksteigerung im Pfortadersystem, dem zuführenden venösen Blutsystem. Äußeres Zeichen dieses Bluthochdruckes, einhergehend mit der Ausbildung von Umgehungskreisläufen, sind Oesophagusvarizen (sackförmige, blutgefüllte Erweiterungen der Venen an der Speiseröhre) Erweiterung der Hautvenen der Bauchdecke (Medusenhaupt) und Bauchwassersucht (Aszites).

Aufgrund von Diätfehlern kann es zur Verfettung von Leberzellen kommen. Sind in mehr als 50 % aller Leberzellen Fette eingelagert, so spricht man von einer Fettleber. Die Leber ist hierbei vergrößert aber nicht wesentlich verhärtet

Gesamt-Bilirubin ist ein wichtiger Analyt zur Beurteilung der Leberfunktion. Mit der differenzierten Betrachtung des direkten (an Glukuronsäure gebundenes Bilirubin) und indirekten Bilirubin (nichtgebundenes und wasserunlösliches Bilirubin), sowie der Abbauprodukte Urobilinogen und Urobilin im Urin, bzw. Stercobilinogen und Stercobilin im Stuhl gelingt die Differentialdiagnose der Leberschädigung in intrahepatisch (nur innerhalb der Leber), posthepatisch (meist durch Veränderungen der Gallenblase oder des Gallenblasenabflusses) und praehepatisch (erhöhte Bilirubinkonzentration im Blut z. B. durch Leukämien, auch Blutkrankheiten genannt).

Ammoniak wird durch Darmbakterien aus Proteinen gebildet und in der Leber zum ungiftigen Harnstoff verstoffwechselt. Bei Lebererkrankungen wird häufig eine erhöhte Konzentration von Ammoniak gemessen.

Gallensalze werden von der Leber über die Gallengänge und die Gallenblase zum Dünndarm transportiert und dort rückresorbiert. Deshalb weisen erhöhte Konzentrationen von Gallensalzen auf eine eingeschränkte Funktion der Leber und Fließbehinderungen in den Gallengängen bzw. in der Gallenblase (Cholestase) hin.

Veränderungen der im Blut nachweisbaren Leberenzyme können Hinweise auf Leberschädigungen geben.

Es wird unterschieden in Sekretionsenzyme
- Gerinnungsfaktoren
- Komplementkompenenten
- Proteinaseinhibitoren
- Cholinesterase

und zelluläre Elemente, die nur dann in erhöhten Aktivitäten gemessen werden, wenn Leberzellen zugrunde gehen
- Alanin-Aminotransferase
- Laktat-Dehydrogenase
- γ-Glutamyltransferase
- Alkalische Phosphatase.

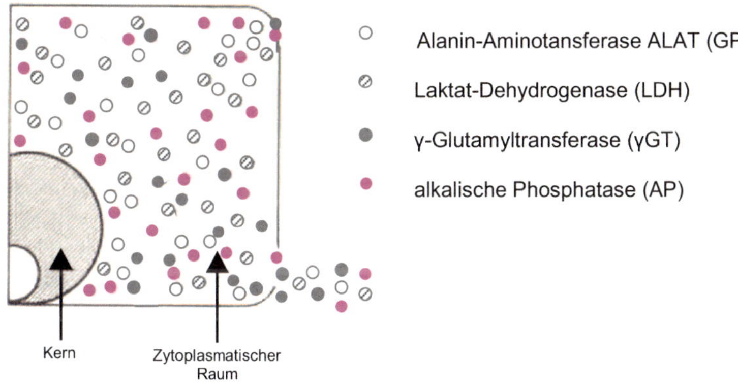

Abb. 17: Leberzellspezifische Enzyme

9   Nierenfunktion

Der Mensch besitzt zwei Nieren, die etwa in Höhe des 11. Brustwirbels bis zum 2. Lendenwirbel liegen. Beide Nieren befinden sich retroperitoneal, d.h. nicht in der Bauchhöhle. Eine Niere ist im Durchschnitt 12 cm lang, sieht aus wie eine überdimensionale Bohne und wiegt ca. 150 g.

Beide Nieren sind stark durchblutete Organe, die von einer fibrösen Kapsel und weiter außen von einer Fettschicht umgeben sind. Sie bestehen aus Rinden- und Marksubstanz und setzen sich aus etwa einer Million morphologischer und funktioneller Einheiten, den Nephronen zusammen. Die wesentlichsten Aufgaben der Niere sind die Aufrechterhaltung und Regulation des Wasser-, Elektrolyt- und Säure-Basenhaltes. Die Niere reguliert die Konzentration von wasserlöslichen Bestandteilen des Blutes und die Ausscheidung von Stoffwechselprodukten, von körperfremden Stoffen und von harnpflichtigen Substanzen.
Die Niere ist ein typisches Ausscheidungsorgan, welches dafür sorgt, dass Stoffwechsel-Endprodukte austreten können. Eine Kumulierung im Körper gleichbedeutend mit einem Harnstau harnpflichtiger Metabolite führt zu einer Vergiftung des Organismus. Neben solchen harnpflichtigen Substanzen, die auf jeden Fall aus dem Körper ausgeschieden werden müssen, gibt es auch solche, von denen nur überschüssige Mengen eliminiert werden. Es sind Substanzen, die für die Funktion des Körpers elementare Funktionen haben. So ist die Niere in der Lage neben der reinen Ausscheidung durch spezifische Sekretion (Ausscheidung) und Rückresorption (Wiederaufnahme) diejenigen Substanzen in optimaler Konzentration im Körper zu halten, welche für die Aufrechterhaltung des Lebens notwendig sind. Erwähnenswert hierbei sind besonders die Elektrolyte Natrium und Kalium, das Wasser und die Glukose. Da der Nierenfunktion mehrere komplexe Vorgänge zu Grunde liegen, ist häufig nur die Überprüfung von Teilfunktionen der Nieren möglich.

Die Funktion der Nieren lässt sich grob in drei Bereiche unterteilen:
1. Entgiftung
Täglich fallen eine Vielzahl von Stoffwechselprodukten an, die ausgeschieden werden müssen. Neben dem Darm ist die Niere Hauptausscheidungsorgan für diese Stoffwechselprodukte. Als Maß für die

Entgiftungsfunktion wird die Konzentrationsbestimmung von Kreatinin im Blutserum gemessen. Viele chronische Nierenerkrankungen gehen mit einem erhöhten Verlust von Eiweiß im Urin einher, den man mittels eines einfachen Urinteststreifens, der in jeder Apotheke verfügbar ist, unkompliziert nachweisen kann.

2.	Ausgleich von Wasser- und Elektrolytbilanz

Das offensichtlichste Produkt der Nieren ist der Urin. Neben der Ausscheidung überschüssigen Wassers, ist er notwendig um Stoffwechselprodukte, im Wasser gelöst, zu entgiften. Zu den Elektrolyten zählen neben Natrium, Kalium, Calcium auch Mineralien, ebenso wie Wasserstoff und Chlorid sowie eine Vielzahl von Salzen und anderen Endprodukten des Stoffwechsels.

3.	Hormonbildung

Die Niere bildet drei Hormone. Zum einen das Vitamin D, das hauptsächlich zum Knochenstoffwechsel beiträgt. Bei Mangel kommt es zu Rachitis (bei Kindern) oder Osteomalazie (bei Erwachsenen) und Osteoporose. Zum anderen wird in der Niere Erythropoetin gebildet, das die Blutbildung im Knochenmark reguliert. Fehlt es, kommt es zu einer Anämie (Blutarmut). Als drittes ist das Renin zu nennen, das Einfluss auf den Blutdruckregulation nimmt. Die Hormonbildung der Niere ist meist erst in einem späteren Stadium eines Nierenschadens beeinträchtigt.

Funktion	nachweisbare Substanzen
Entgiftung	Kreatinin Harnstoff Harnsäure
Regulierung der Wasser-und Elektrolyt-Bilanz	Natrium Kalium Calcium Chlorid
Hormonbildung	Vitamin D 3 (Calcitriol) Erythropoetin Renin

Tab. 6: Funktion der Nieren

Wegen der Hauptaufgabe der Nieren, der Entgiftung, d.h. die Ausscheidung toxischer Substanzen, verfügen die Nieren über eine enorme Filtrierleistung. Sie werden täglich von rund 1.500 Litern Blut durchströmt. Für diese Filterfunktion sind verschiedene Strukturen in der Niere notwendig. Man unterscheidet dabei die harnbildenden von den harnableitenden Strukturen. Beide bilden in der Niere zusammen eine Funktionseinheit, das Nephron. In der gesunden Niere sind etwa 1 Mio. Nephrone vorhanden. In einem Gefäßknäuel (Glomerulus), das einem Filter gleichzusetzen ist, wird der Primärharn gebildet, mit dem die harnpflichtigen Substanzen aus dem Blut heraus gefiltert werden. Würde der Primärharn ausgeschieden werden, so gingen jeden Tag 180 Liter Flüssigkeit verloren. Deshalb verfügt die Niere über spezielle Mechanismen verschiedenste Bestandteile des Harnes zurück zu resorbieren und die Menge des ausgeschiedenen Harnes auf täglich ca. 1,5 Litern zu begrenzen.

Erkrankungen der Niere können sehr verschiedene Ursachen haben. Zu ihnen gehören Entzündungen, wie Nephritis, Glomerulonephritis, Pyelonephritis oder Pyelitis, je nachdem wo die Entzündung lokalisiert ist; diese können akut auftreten und z. T. auch einen chronischen Verlauf nehmen. Andere Erkrankungen sind die Nephrose als eine degenerative Erkrankung der kleinsten Nierenkanälchen, die Niereninsuffizienz (unzureichende Nierenfunktion), Nierentumoren und das Harnsteinleiden. Die Ursachen können im Bereich der Blase oder der ableitenden Harnwege liegen. Man spricht hier von postrenaler Lokalisation. Darüber hinaus sind zahlreiche Krankheiten bekannt, bei denen sekundär eine Nierenschädigung auftreten kann (z. B. Diabetes mellitus).

Die Nierenerkrankungen werden unterteilt in:

Harnwegsinfekte
sie sind meist durch aufsteigende bakterielle Infektionen der Harnwege oberhalb der Blase bedingt; häufig entwickelt sich hieraus eine Pyelonephritis.
Prädisponierend hierfür sind alle Arten von Harnabflussstörungen (anatomisch, Stein, Tumor, Prostataerkrankungen, etc.) aber auch Diabetes, Gicht und Blasenkatheter.

Pyelonephritis
sie ist bedingt durch aufsteigende oder hämatogen übertragene bakterielle Infektionen des Interstitiums und des Nierenbeckens. Die Hauptursache sind Urinabflussstörungen. Entzündliche Veränderungen können bis zur Schrumpfniere und Niereninsuffizienz führen.

Glomerulonephritis
Ablagerungen von exogenen (infektionsbedingt) und endogenen Antigenen (Autoantigene) bzw. Immunkomplexen führen zu einer veränderten Filtrationsleistung des Glomerulums.

Nephrotisches Syndrom
Dieses Syndrom ist eine besondere Verlaufsform vieler primärer und sekundärer glomerulärer Nierenerkrankungen. Ursächlich ist eine Veränderung der glomerulären Filtrationsleistung. Klinisch auffällig für dieses Syndrom ist der erhebliche Eiweißverlust, der zu Oedemen und Ascites führen kann.

Diabetische Nephropathie
Diabetes-spezifische Veränderungen der Niere führen zu einer Verdickung der Basalmembran und damit zu einer defekten Filtrationsleistung der Niere. Ursächlich ist hier die gesteigerte Glukosylierung von Proteinen zu nennen.

Tubulointerstitielle Nephropathie
Diese Erkrankung ist ein Komplex von Nierenerkrankungen mit primärer Lokalisation im Interstitium. Die Genese ist entweder infektiös (z. B. Pyelonephritis), immunologisch (Abstoßungsreaktion), toxisch (z. B. Phenacetin) oder primär stoffwechselbedingt.

Nierenversagen
Harnmengen < 400 ml pro Tag genügen auch bei maximaler Konzentrationsfähigkeit nicht zur Ausscheidung toxischer Produkte. Hier wird unterschieden in akutes Nierenversagen, d.h. eine Entwicklung einer Niereninsuffizienz in wenigen Stunden. Solche Erkrankungen sind häufig reversibel. Davon grenzt sich das chronische Nierenversagen ab, das durch meist langjährige Veränderungen der glomerulären Filtrationsleistung bedingt ist. Hierdurch kumulieren Ausscheidungsprodukte und führen zu Urämie mit toxischen Symptomen (Enzephalopathie, Myopathie, Neuropathie).

Nephrolithiasis
Harnkonkremente (Harnsteine) entstehen häufig durch Kristallisation von Harnbestandteilen (z. B. Oxalatsteine aus Nahrung bzw. Stoffwechsel). Sie führen zu schmerzhafter Verlegung der ableitenden Harnwege (Koliken) und häufig entzündlichen Veränderungen.

Renaler Hypertonus
Nierenarterienstenosen und generalisierte Glomerulopathien bewirken systhemische Renin-Ausschüttung mit Angiotensin-Freisetzung und führen so zum Bluthochdruck.

<u>Diagnostik</u>
Für Früherkennung von Nierenerkrankungen genügen einfache Untersuchungen mit geringen Kosten. Dazu gehören die körperliche Untersuchung mit Messung des Blutdrucks, die Bestimmung von Kreatinin sowie Zucker im Blut und die Harnuntersuchung auf Eiweiß, Zucker, Zellen sowie Bakterien. Die Untersuchung zur Feststellung einer Hypertonie und eines Diabetes sind deshalb so wichtig, da diese Erkrankungen häufig sekundär, also später, zu Nierenschäden führen.

Bereits die Inspektion des Urins kann einen Hinweis geben, z. B. der obstartige Geruch bei Acetonurie, oder der Geruch nach Ammoniak bei bakterieller Zersetzung. Rote Eigenfärbung des Urins weißt auf Blut oder Hämoglobin, braune Färbung auf Bilirubin oder Porphyrinurie hin. Trübungen können durch Salze, Kristalle, Leukozyten, Bakterien, Schleim oder auch durch Lipide bedingt sein. Es ist jedoch zu beachten, dass verschiedene Nahrungsmittel, z. B. rote Beete, auch Farbveränderungen des Urins bedingen können.
Das spezifische Gewicht oder die Osmolarität erlauben eine Beurteilung des Konzentrationsvermögens der Niere. Zum Nachweis pathologischer Urinbestandteile werden sehr häufig Urin-Teststreifen eingesetzt. Die einzelnen Zonen der Teststreifen werden mit Urin benetzt und verfärben sich bei positivem Ausfall der chemischen Reaktion. Mit dem Mikroskop werden die Zellen und korpuskulären Bestandteile im Urinsediment, einem eingedickten Urintropfen auf dem Objektträger, gezählt. Die wichtigsten Bestandteile solcher Testungen, die Hinweise auf Nierenerkrankungen liefern, sind Eiweiß, rote und weiße Blutkörperchen (Erythrozyten und Leukozyten), Bakterien und Zucker (Glukose). Normalerweise sind die Filter der Niere

so dicht, dass höchstens 0,24 g/Tag Eiweiß über den Urin ausgeschieden werden. Bei vielen Nierenkrankheiten ist diese Filterfunktion schon früh beeinträchtigt und Eiweiß, besonders Albumin, erscheint im Urin. Deshalb ist der Nachweis von Eiweißen im Urin ein besonders empfindlicher Indikator für Nierenerkrankungen. Der Nachweis von Erythrozyten und Leukozyten zeigt ebenfalls Nierenerkrankungen, kann aber auch Erkrankungen der Harnwege (Blase, Prostata etc.) anzeigen. Mit der Mikroskopie des Harns, kann die Lokalisation der Erkrankung festgestellt werden, z. B. entstehen Zylinder als stabförmige Gebilde durch Ausgelieren von Eiweiß in den Harnkanälchen der Nieren. Bakterien im Urin bedeuten entweder eine harmlose Keimbesiedelung oder in höherer Konzentration eine Infektion, die mit einem Antibiotikum behandelt werden sollte. Der Zuckernachweis im Harn bedeutet in der Regel, dass der Patient eine Zuckerkrankheit hat. Jedoch kann auch während der Schwangerschaft Zucker im Harn nachgewiesen werden.

Zu den wichtigsten Blutuntersuchungen bei Nierenerkrankungen zählen die Bestimmung von Kreatinin und Harnstoff. Dies sind Abfallprodukte des Eiweißstoffwechsels, die im Blut zirkulieren und durch die Niere ausgeschieden werden. Je höher diese Werte im Blut gemessen werden, desto schlechter ist die Funktion der Niere. Häufig werden diese Werte auch als „Nierenwerte" oder als „Retentionswerte" bezeichnet.

Zur Diagnostik einer infektiösen Erkrankung der Niere gehören selbstverständlich auch die mikrobiologischen Urinuntersuchungen. Sie dienen der Identifizierung der Keime, der Lokalisation des Infektionsherdes und der Unterstützung der Therapie.

Zu den prophylaktischen Maßnahmen, d.h. Vorsorge von Nierenerkrankungen, zählen ausreichende Flüssigkeitszufuhr und eine fleischarme Ernährung. Die Vermeidung von Nikotin beugt sicher Ablagerungen der Nierengefäße, ebenso wie bei anderen Gefäßen, vor. Blasenunterkühlungen können leicht zu Blasenentzündungen führen.

körperliche Untersuchung	Anamnese Palpation, Oedemsuche Blutdruckmessung
Blutuntersuchung	Messung von Kreatinin; evtl. Harnstoff Blutglukose Natrium-, Kalium-Messung Bestimmung des Hämoglobins

Harnuntersuchung	Inspektion (Farbe, Trübung etc.), Geruch
	Harnteststreifen: Eiweiß
	                      spezif. Gewicht
	                      Leukozyten
	                      Hämoglobin
	                      Glukose
	                      Nitrit
	Mikroskopie: Leukozyten
	                      Erythrozyten
	                      Bakterien
	                      Kristalle
	                      Zylinder
	Bakteriologie: Nachweis
	                      der Erreger
	                      und Antibiogramm

bildgebende Untersuchungen	Ultraschall (Sonografie) Röntgen; evtl. mit Kontrastdarstellung

Tab. 7: Diagnostik von Nierenerkrankungen

10   Herzdiagnostik

Das Herz ist der wichtigste Muskel im menschlichen Körper. Es ist etwa faustgroß und wiegt ca. 300 g. Zusammen mit den Blutgefäßen bildet das Herz das Herzkreislaufsystem. Es wirkt wie eine mechanische Pumpe und befördert rund 5 l Blut/Minute durch den Körper. Hieraus erklären sich die drei wesentlichen Gründe für Herzerkrankungen, Verengung der Herzkranzgefäße, Rhythmusstörungen und die Herzmuskelschwäche. Insbesondere die Gefäßverengung (Koronarsklerose), birgt das Risiko eines kompletten Verschlusses des Gefäßes (Koronarstenose) und somit einer schweren Schädigung des Herzmuskels (Myokardinfarkt).

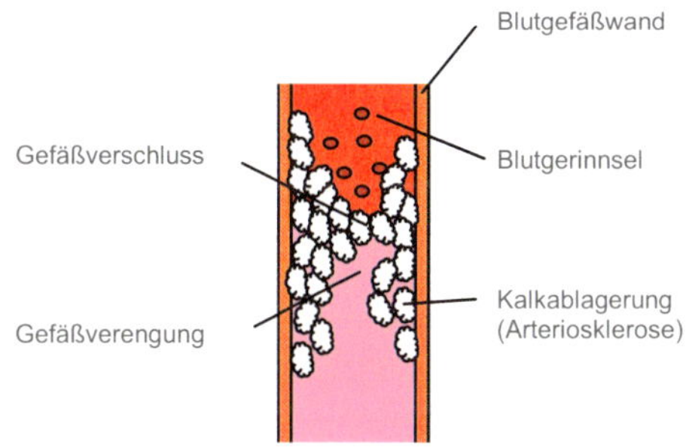

Abb. 18: Schema der Gefäßverengung, bzw. -verschluss

Durch die mangelnde Sauerstoffversorgung der Herzmuskelzellen gehen diese zugrunde; diagnostisch kann dies anhand der erhöhten Konzentration von Troponin und Myoglobin sowie der Enzyme Creatinkinase (CK) und Creatinkinase-MB (CKMB) nachgewiesen werden. Insbesondere das Myoglobin mit einer kurzen Halbwertszeit kann bereits nach 2 bis 4 Stunden nach einem kardialen Schmerzereignis nachgewiesen werden. Laktatdehydrogenase (LDH), ein Enzym mit einer langen Halbwertszeit, kann diagnostisch auch noch nach mehreren Tagen nach einem akuten Ereignis in erhöhter Aktivität gemessen werden.

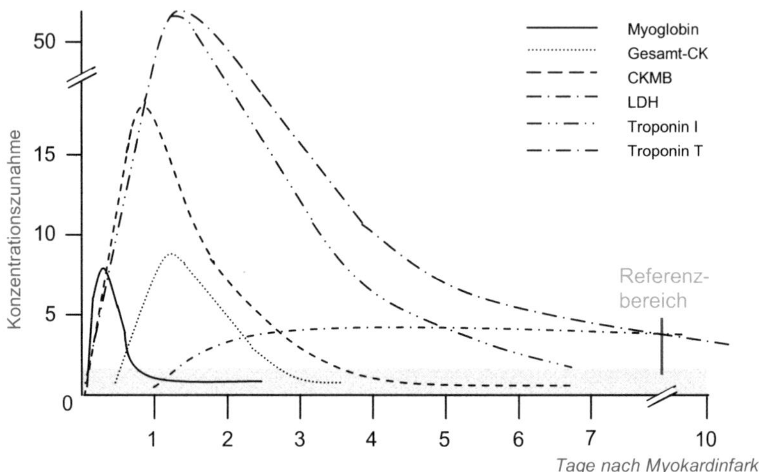

Abb. 19: Konzentrationsverlauf kardialer Marker nach Herzinfarkt

Zum korrekten Nachweis eines Herzinfarktes, gemäß den Leitlinien, gehört im ersten Schritt die Erstellung eines 12-Kanal-Elektrokardiogramms (EKG) und die Bestimmung des Troponins. Hierbei ist es unerheblich ob diagnostisch das Troponin T oder das Troponin I bestimmt wird. Für Verlaufsmessungen sollte jedoch wegen der unterschiedlichen Entscheidungsgrenzen (cut-off Werte) und Referenzwerten immer das gleiche im Untersuchungslaboratorium analysierte Troponin bestimmt werden. Bei negativem Ergebnis sollte eine Wiederholung der Troponinmessung nach ca. 3 bis 6 Stunden erfolgen.

Für den Nachweis einer Herzmuskelschwäche (Herzinsuffizienz) stehen natriuretische Peptide sowie deren Fragmente, z. B. das N-terminale Fragment des natriuretischen Hormons brain natriuretic peptide (BNP) als Laborparameter zur Verfügung. Goldstandard für die Herzinsuffizienz ist jedoch die Echokardiografie. Mit zunehmendem Lebensalter ist die Herzinsuffizienz häufiger und hat eine hohe Mortalität. Diese sensitiven und spezifischen Parameter erlauben eine Unterscheidung in herzkrank und herzinsuffizient.

11 Enzyme

Enzyme sind biochemische Katalysatoren, die ein Substrat spalten oder verändern können. Das Enzym setzt die Aktivierungsenergie für die hierfür nötige Reaktion herunter. Das Enzym ist in die Reaktion eingebunden wird aber selbst nicht verändert.
Enzyme bestehen aus einem aktiven Zentrum und häufig einem nicht reaktiven Kofaktor. Das aktive Zentrum ist für die Substratspezifität und die Wirkungsspezifität des Enzyms verantwortlich.
Aber nicht nur aktive Enzyme sind für den menschlichen Stoffwechsel notwendig, sondern auch die reversible Hemmung von Enzymen.
Außerdem ist die Enzymaktivität von der Temperatur und dem pH-Wert der durch das Enzym katalysierten Reaktion stark reguliert.
Im menschlichen Körper wirken mehrere hundert verschiedene Enzyme. Fehlen Enzyme z. B. durch Vitaminmangel kann es zu Stoffwechselstörungen kommen.

Die große Gruppe der Enzyme kann in 6 Klassen eingeteilt werden:
Gruppe I   Oxidoreduktasen
Gruppe II   Transferasen
Gruppe III   Hydrolasen
Gruppe IV   Lyasen (Synthasen)
Gruppe V   Isomerasen
Gruppe VI   Ligasen (Synthetasen)

Isoenzyme sind Enzymformen mit ähnlichen katalytischen Aktivitäten, z. B. Laktat-Dehydrogenase (LDH-1 bis 5).

Die Messung der Gesamt-LDH hat keine größere diagnostische Bedeutung, da solche LDH-Erhöhungen bei sehr vielen Störungen auftreten können. Bei Lebererkrankungen, insbesondere toxische Vergiftungen, steigt die LDH-Aktivität extrem hoch an; es betrifft hauptsächlich das LDH-5. Die Isoenzyme LDH-1 und 2 sind besonders im Herzmuskel zu finden und können für den Nachweis eines bereits 2 bis 3 Wochen zuvor erlittenen Herzinfarktes genutzt werden.

Enzyme	Bezeichnung der Isoenzyme und Vorkommen
Laktatdehydrogenase (LDH)	LDH 1 - LDH 5 in fast allen Organen LDH 1: hauptsächlich in Herzmuskel und Erythrocyten
Creatinkinase (CK)	Skelettmuskel Herzmuskel Gehirn, Lunge
Alk. Phosphatase (AP)	Leber Knochen Intestinum Placenta
Saure Phosphatase (SP)	Prostata-spezifische saure Phophatase u. a.
Amylase	Pankreas Speicheldrüsen u. a.
Cholinesterase (ChE)	Pseudocholinesterasen Plasma

Tab. 8: Diagnostisch bedeutsame Isoenzyme

Die Aktivitätsbestimmung der Alanin-Aminotransferase (ALAT, GPT) hat bei der Lebererkrankung eine besondere diagnostische Bedeutung. Aber auch die Aktivitätsbestimmung der Aspartat-Aminotransferase (ASAT, GOT) kann bei Leber, Myokard- oder Muskelerkrankungen erhöht sein. Aufgrund der geringen Spezifität gelingt keine genaue Organzuordnung. Die diagnostische Bedeutung erhöhter γ-Glutamyltransferase (Gamma-GT) Aktivitäten sollte immer zusammen mit anderen Leberwerten erfolgen, da die γ-Glutamyltransferase Aktivitäten im Blutserum fast ausschließlich aus der Leber stammen. Deshalb hat die Bestimmung dieses Analyten besondere Bedeutung bei entzündlichen und toxischen Erkrankungen der Leber. Das Enzym Creatinkinase (CK) und sein Isoenzym Creatinkinase-MB (CKMB) haben diagnostische Bedeutungen für den Nachweis eines Myokardinfarktes.

Als weitere wichtige Enzyme sind die Alpha-Amylase und die Lipase zu nennen. Insbesondere bei Pankreaserkrankungen können diese Enzyme in erhöhter Aktivität nachgewiesen werden.

Cholinesterasen (ChE) sind ein Gemisch aus 11 Esterasen und haben nur geringe Substratspezifitäten. Besonders die verminderte Aktivität der ChE im Serum ist eine wichtige labordiagnostische Veränderung zum Nachweis einer eingeschränkten Syntheseleistung der Leber.

Die alkalische Phosphatase (AP) kommt in mehreren Isoenzymformen vor. Diagnostische Bedeutung hat der Aktivitätsanstieg dieses Analyten bei Leber- und Gallenwegserkrankungen, ebenso wie bei Knochenerkrankungen. Bei Kindern und Schwangeren werden erhöhte Aktivitäten ohne pathologische Ursachen gemessen.

Die hohe Spezifität der Enzyme beim Umsatz von Substraten wird diagnostisch genutzt. Hierbei ist jedoch zu berücksichtigen, dass die Enzymaktivität von Schwere und Ausdehnung sowie von Zeitpunkt und Dauer der Zellschädigung abhängt. Für Verlaufsbeobachtungen ist außerdem die biologische Halbwertszeit von Enzymen zu beobachten.

Amylase	3 - 6 Std.
AP	3 - 7 Tage
ChE	ca. 10 Tage
CK	ca. 15 Std.
y-GT	3 - 4 Tage
GIDH	18 ± 1 Std.
GOT	17 ± 5 Std.
GPT	47 ± 10 Std.
LDH-1	113 ± 60 Std.
LDH-5	10 ± 2 Std.
Lipase	7 - 14 Std.

Tab. 9: Biologische Halbwertszeit von Enzymen

Weitaus seltener weisen auch erniedrigte Enzymaktivitäten auf pathologische Ursachen hin:

- Erniedrigte Syntheserate (Leber: Cholinesterase, Gerinnungsfaktoren)
- gesteigerte Elimination (Verbrauchskoagulopathie, renale Verluste)
- angeborener oder erworbener Coenzym- bzw. Spurenelementmangel (Mangel an Pyridoxalphosphat bzw. Zink und Kupfer in Metalloenzymen)
- angeborene Enzymdefekte (hereditärer Cholinesterasemangel)

12   Blutbild und Hämatologie

Das Anfertigen des Blutbildes gehört zu den häufigsten Untersuchungen im medizinischen Laboratorium. Es ist eine mikroskopische und photometrische Diagnostik der zellulären Anteile des Blutes und erlaubt dem Diagnostiker einen Blick auf das Blut.

Zu den Zellen des Blutes gehören:

Rote Blutkörperchen (Erythrozyten) Durchmesser 7,5 µm
Die Farbe der roten Blutkörperchen rührt vom roten Farbstoff Hämoglobin her, dieser ermöglicht den Sauerstoff-Transport.

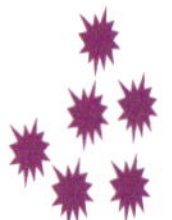

Blutplättchen (Thrombozyten) Durchmesser 2 – 3 µm
Als Träger von Eiweißstoffen spielen sie bei der Blutgerinnung eine wichtige Rolle

Weiße Blutkörperchen (Leukozyten) 7 – 20 µm
Die weißen Blutkörperchen besitzen einen Zellkern, aber kein Hämoglobin. Das Bild zeigt einen Granulozyten.

Retikulozyten
Junge rote Blutkörperchen mit RNA-Resten des Kerns

Abb. 20: Mikroskopische Blutbestandteile (lila: Pappenheimfärbung)

Die weißen Blutkörperchen (Leukozyten) werden weiter differenziert in
- Neutrophile Granulozyten
- Eosinophile Granulozyten
- Basophile Granulozyten
- Monozyten
- Lymphozyten

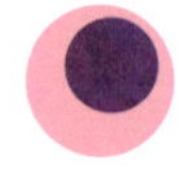
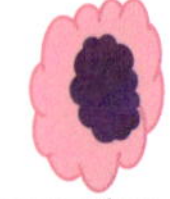

Abb. 21: Leukozytendifferenzierung

<u>Diagnostik</u>
Wird der jeweilige prozentuale Anteil dieser Zellen zur Gesamtzell-
zahl errechnet so spricht man von einem Differentialblutbild.
Außer diesen zellulären Bestandteilen werden bei einem Blutbild
auch das Hämoglobin (roter Blutfarbstoff), der Hämatokrit (Anteil
aller zellulären Bestandteile am Blutvolumen), Färbeparameter MCH,
MCHC) der Einzelerythrozyten und das mittlere Zellvolumen (MCV)
der Erythrozyten berechnet.

Das kleine Blutbild umfasst die zellulären Bestandteile des Blutes,
also die Erythrozyten-, die Leukozyten- und Thrombozytenkon-
zentration und die Angabe des Hämatokritwertes, d.h. die Summe
aller zellulären Anteile im untersuchten Blut. Zusätzlich wird der
Farbstoff Hämoglobin und verschiedene Rechenparameter (MCV,
MCH und MCHC) angegeben. Das mittlere Volumen der einzelnen
Erythrozyten (MCV) gibt die mittlere Zellgröße der Erythrozyten an.
MCH bezeichnet den mittleren Hämoglobingehalt in Erythrozyten
und MCHC die mittlere Hämoglobinkonzentration des Hämatokrits.

Wert	Frau	Mann	Säuglinge	Einheit
Leukozyten	4,4 - 11,3	4,4 - 11,3	9,0 - 34,0	Tausend/µl
Erythrozyten	4,1 – 5,1	4,5 – 5,9	4,3 - 6,3	Million/µl
Hämoglobin	11,5 - 16,4	13,5 - 18,0	14,0 - 20,0	g/dl
Hämatokrit	35 - 45	36 - 48		%
MCV	76 - 88	76 - 88		Fl
MCH	27 - 34	27 - 34		pg
MCHC	32 - 36	32 - 36		g/dl
Thrombozyten	150 - 300	150 - 300		Tausend/µl

Tab. 10: Kleines Blutbild

Die Hämatologie ist ein Spezialbereich zur Diagnostik und Therapie
von Bluterkrankungen. Die Erythrozyten beinhalten den roten Blutfarbstoff Hämoglobin der Sauerstoff innerhalb des Organismus zu
den Organen transportiert. Somit ist die Sauerstoffversorgung des
Körpers von der Höhe der roten Blutkörperchen abhängig. Hämoglobin ist ebenso für die Kohlendioxidbindung im Blut notwendig.
Der Hämatokritwert gibt den Anteil der Blutzellen im gesamten Blut
an. Je höher dieser Wert umso schlechter sind die Fließeigenschaften des Blutes. Flüssigkeitsmangel, besonders in den Blutgefäßen
kann durch die Bestimmung des Hämatokrits erkannt werden.

Die Leukozyten haben eine wichtige Funktion für die körpereigene Abwehr. Der Leukozytenwert gibt Auskunft über Infektionen, Bluterkrankungen (Leukämien) und anderes mehr.
Die Thrombozyten sind besonders für die Fließeigenschaften des Blutes und für die Blutgerinnung wichtig.
Zur Diagnostik wird primär meist das kleine Blutbild und zur Differentialdiagnostik hämatologischer Erkrankungen das große Blutbild angefertigt.

13 Porphyrinstoffwechsel

Veränderungen des Porphyrinstoffwechsels sind insbesondere dann
von Bedeutung wenn Verdacht auf eine Bleivergiftung besteht. Aber
auch bei Lebererkrankungen und bei Störungen der Hämsynthese ist
die Diagnostik auf Störungen des Porphyrinstoffwechsels indiziert.
Die Synthese des Häms erfolgt über mehrere enzymatische Zwi-
schenschritte z. B. über die Delta-Aminolävulinsäure, das Porphobi-
linogen, Uro-, Kopro- und weitere Protoporphyrinogene.

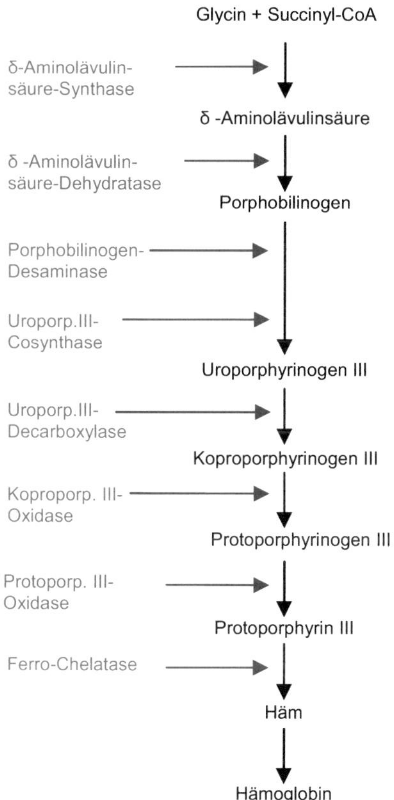

Abb. 22: Porphyrinstoffwechsel

Häm ist der eisenhaltige sauerstoffbindende Anteil des Blutfarbstoffs in den Erythrozyten (roten Blutkörperchen). Störungen dieser Hämoglobinbildung durch Enzymdefekte, Blockierungen durch Intoxikationen, z. B. Blei, führen zum Anstieg entsprechender Zwischenprodukte und können diagnostisch erfasst werden. Es stehen hierfür insbesondere die Delta-Aminolävulinsäure und die Porphyrine zur Verfügung.
Eine charakteristische autosomal-dominant angeborene Störung des Porphyrinstoffwechsels ist die erythropoetische Protoporphyrie, auch M. Günther genannt. Es kommt hierbei zu einer starken Konzentrationserhöhung von Protoporphyrin evtl. auch von Koproporphyrin. Darüber hinaus sind noch weitere Porphyrien bekannt; z. B. akut-intermittierende Porphyrie, Porphyria cutanea tarda, Porphyria variegata und verschiedene sekundäre Porphyrien bei Anämien.

Um hepatische Porphyrinstoffwechsel-Störungen zu erkennen reicht häufig eine einfache Bestimmung der erhöhten Porphobilinogenausscheidung im Urin, z. B. mit Teststreifen, aus. Bei angeborenen Erkrankungen ist meist die Delta-Aminolävulinsäurekonzentration im Urin stark erhöht. Diese kann jedoch auch bei toxischen Leberschädigungen z. B. auch durch Alkohol, Medikamente und Toxine (z. B. Blei) erhöht sein. Um die erythropoetischen Porphyrinstoffwechsel-Erkrankungen zu differenzieren ist häufig eine aufwendige Bestimmung der einzelnen Porphyrine im Urin oder Blut notwendig.
Letztere sind häufig auch klinisch durch Hautsymptome, vorwiegend Lichtdermatosen, zu erkennen. Auch bei normaler Lichtexposition zeigen solche Patienten nach einer anfänglichen Rötung oft eine Blasenbildung, teilweise Erosionen und Ulzerationen mit nachfolgender Narbenbildung, besonders an den Fingern und der Nase.

14   Hormone, Schilddrüsenhormone

Hormone übermitteln im Körper Informationen und steuern bzw. regeln wichtige Funktionen z. B. im Stoffwechsel. Es sind chemische Botenstoffe die in Drüsenzellen bestimmter Organe hergestellt und sezerniert werden. Über das Blut gelangen diese Hormone bzw. Regulatoren an die entsprechenden Organe um dort über spezifische Andockstellen (Rezeptoren) diese zur Ausschüttung bzw. Nicht-ausschüttung anderer Hormone zu veranlassen.
150 Hormone wurden bislang im menschlichen Körper detektiert; aber das dürfte nur ein Bruchteil sein. Fehlleistungen der verschiedenen Hormonsysteme führen deshalb häufig zu manifesten Krankheiten. Einige hiervon bzw. deren Regelkreise werden hier erläutert.
Im Gehirn, genauer im Hypothalamus und der Hypophyse werden die Hormone ACTH (adrenocorticotropes Hormon), TSH (Thyreoidea-stimulierendes Hormon), LH (luteinisierendes Hormon), STH (Wachstumshormon), Prolaktin, Oxytocin und Vasopressin bzw. deren regulierenden Vorstufen synthetisiert.
Die wichtigsten Hormone des Pankreas (Bauchspeicheldrüse) sind Insulin, Glukagon und Somatostatin. In den Nebennieren werden die Hormone Adrenalin, Noradrenalin, Cortisol, Aldosteron und Androgene synthetisiert. Die wichtigsten Hormone zur Steuerung der Sexualfunktion sind das Testosteron aus dem männlichen Hoden und Östrogen und Progesteron aus den weiblichen Eierstöcken. Die Schilddrüse synthetisiert die Hormone Thyroxin (T4) und Trijodthyronin (T3), die Nebenschilddrüsen das für den Knochenstoffwechsel wichtige Hormon Calcitonin.

Der Hormonhaushalt wird durch andere Hormone, Hormonvorstufen und spezielle Rückkopplungssysteme in engen Grenzen geregelt. Auch die Umwelt kann die Bildung von Hormonen mitbestimmen, etwa Sport, Stress, Ernährung, Tages- und Jahreszeiten. Ebenso können das Geschlecht, das Lebensalter und die Entwicklungsreife die Konzentrationen zahlreicher Hormone und ihrer Abbau- und Folgeprodukte beeinflussen. Biologische Veränderungen der Hormonkonzentrationen, insbesondere der Sexualhormone, sind häufig vom Zyklus des Individuums abhängig.

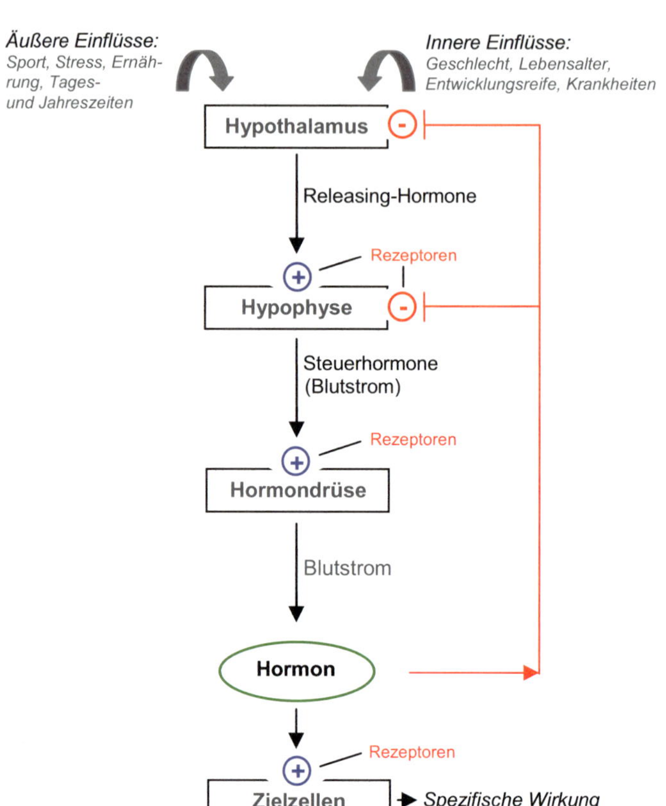

Abb. 23: Hormoneller Regelkreislauf
(⊕ : positive Rückkopplung; ⊖: negative Rückkopplung)

Am Beispiel von Adrenalin, das in der Nebenniere produziert wird soll die Wirkungsweise erläutert werden. Es bewirkt am Herzen eine höhere Frequenz und eine stärkere Kontraktion; d.h. das Herz schlägt schneller und pumpt kräftiger. Die Muskulatur wird dadurch stärker durchblutet und die Atemwege werden erweitert, so dass mehr Sauerstoff aufgenommen und transportiert werden kann. Ein zuviel an diesen Stresshormonen kann jedoch zu Bluthochdruck führen mit entsprechenden Veränderungen in den Gefäßen im er- höhten Risiko für einen Schlaganfall und vieles mehr.

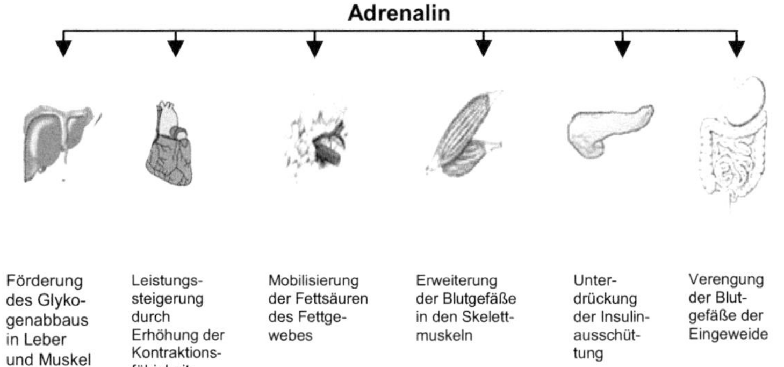

Abb. 24: Die Wirkung von Adrenalin (verstärkt die Wirkung des Sympathikus)

Bluthochdruck kann auch durch eine hormonelle Störung der Salz- und Wasserregulation bedingt sein. Das antidiuretische Hormon (ADH), welches von der Hypophyse freigesetzt wird, regelt im tubulären Apparat der Niere die Ausscheidung von Wasser in den Urin. Bei einem Wassermangel wird die Konzentration von ADH erhöht und die Wasserausscheidung über die Niere vermindert.

Hormone, obwohl sie nur in äußerst geringen Konzentrationen im Blut vorkommen, werden häufig im Blutserum nachgewiesen und die Konzentrationen bestimmt. Häufig werden Funktionstests eingesetzt um Störungen der Hormonbiosynthese zu erkennen. Hierzu werden Substanzen eingenommen, die zu einem Anstieg oder Abfall der Hormonkonzentration an der spezifischen Drüsenzelle führen. Bei diesen Testverfahren sind standardisierte Testbedingungen erforderlich; d.h. die Tageszeit, Ernährung, Medikamenteneinnahme und anderes mehr beachten.

Die Schilddrüsenhormone Thyroxin und Trijodthyronin (T4 und T3) regulieren den Stoffwechsel des Körpers und werden in der Schilddrüse produziert. Die Schilddrüse besteht aus zwei Seitenlappen und einem schmalen Mittellappen und ähnelt ihrem Aussehen einem Schmetterling. Sie ist in der Höhe des Kehlkopfes lokalisiert und liegt der Luftröhre an. Das Hormon Thyroxin wirkt auf Herz und Kreislauf, den Magen-Darmtrakt, den Stoffwechsel, die Knochen, die Haut und auf das Nervensystem. Erkrankungen der Schilddrüse bewirken deshalb sehr häufig viele Funktionen im Körper. Ist also das Gleichgewicht gestört, kann es zu einer Über- oder Unterfunktion der Schilddrüse bzw. der Schilddrüsenhormone kommen. Eine Überfunktion führt zu starker Nervosität und Zittern, häufig sind solche Menschen schlank. Eine Unterfunktion der Schilddrüsenhormone macht müde und unkonzentriert; häufig sind solche Menschen adipös.

Organsystem	Überfunktion	Unterfunktion
Herz/Kreislauf	Herzrhythmusstörungen, hohe Blutdruckamplitude	Langsamer Puls, hoher Blutdruck, Gefäßverkalkungen, koronare Herzerkrankung
Magen-Darmtrakt	Beschleunigte Passage, häufiger Stuhlgang, Durchfall, Appetitsteigerung, Gewichtsabnahme	Verstopfung, Blähungen, Appetitverlust, Gewichtszunahme
Energiestoffwechsel	Wärmeunverträglichkeit, Temperaturerhöhung, niedriges Cholesterin	Kälteunverträglichkeit, Temperaturerniedrigung, Erhöhung der Blutfette
Haut	Haut warm, feucht, gut durchblutet „jung wirkend"	Haut kühl, trocken, blass, schlecht durchblutet, „Myxödem (teigige Schwellung des Bindegewebes)"
Auge	Vermehrte Lichtempfindlichkeit, Doppelsehen, Hervortreten der Augen (Basedow)	
Psyche und Persönlichkeit	Nervosität, innere Unruhe, Reizbarkeit, Agitiertheit	Verlangsamung, Verstimmung, depressive Reizbarkeit
Mentale Funktionen	Unkonzentriertheit, Rastlosigkeit	Verlangsamung, scheinbare Demenz
Nervensystem	Zittern, Reflexsteigerung	Verlängerte Reflexzeit, Gangstörung
Muskulatur	Atrophie von Schulter- und Beckengürtel (Myopathie), Schwäche	Scheinbar kräftige Muskulatur durch Einlagerungen „Pseudohypertrophie"
Reproduktionssystem	Einschränkung von Libido, Potenz und Fruchtbarkeit	Einschränkung von Libido, Potenz und Fruchtbarkeit

Tab. 11: Organmanifestation bei Schilddrüsenfunktionsstörungen

Sind die Konzentrationen von T_4 und T_3, bzw. deren ungebundenen Formen fT_4 und fT_3 bei einer Schilddrüsenüberproduktion erhöht oder bei einer Unterfunktion vermindert so wird die Hypophyse das sezernierende Thyreoidea-stimulierende Hormon (TSH) regulieren. Dieses Hormon gibt somit sehr empfindlich (sensitiv) Auskunft über die Funktion der Schilddrüse. Wenn ein pathologischer Wert von TSH festgestellt wird empfiehlt sich die zusätzliche Konzentrationsbestimmung von fT_4 und fT_3. Anhand dieser drei Werte kann auf eine Störung der Schilddrüsenfunktion geschlossen werden.

fT3	fT4	TSH	Aussage
normal	normal	normal	Euthyreose (*gesund*)
erhöht	erhöht	erniedrigt	Hyperthyreose (manifeste)
erniedrigt	erniedrigt	erhöht	Hypothyreose (manifeste)
normal	normal	erhöht	Hypothyreose (latente)

Tab. 12: Differentialdiagnostik anhand spezifischer Laborwerte

Aber auch ein Mangel an Jod, das mit der Nahrung aufgenommen wird, kann zu einer verminderten Synthese von Schilddrüsenhormonen führen. Als Reaktion darauf wird das Drüsengewebe der Schilddrüse verstärkt gebildet; mit anderen Worten ein Kropf kann dadurch entstehen.

15 Tumormarker

Als Tumormarker werden Substanzen bezeichnet, die bei Tumorerkrankungen im Blut, Urin und anderen Geweben in erhöhter Konzentration auftreten können. Diese Substanzen werden häufig von den Tumorzellen selbst gebildet oder sie werden von anderen körpereigenen Zellen initiiert durch das Tumorwachstum gebildet. Es handelt sich hierbei um Proteine, Hormone oder Antigene. Solche Substanzen können aber leider auch bei anderen Erkrankungen in erhöhten Konzentrationen analysiert werden. Außerdem sind sie in den wenigsten Fällen spezifisch auf einen bestimmten Tumor, sondern können auch auf andere Tumorerkrankungen hinweisen. Die Diagnose eines Tumors kann deshalb nicht alleine auf den Nachweis eines Tumormarkers begründet werden. Bei der Verlaufsbeobachtung sind diese Marker jedoch ein wertvolles Werkzeug um den Erfolg oder nicht Erfolg einer Krebstherapie zu beurteilen; ebenso wie bei der Beurteilung ob ein Rezidiv (Wiederauftreten des Tumors) vorliegt.

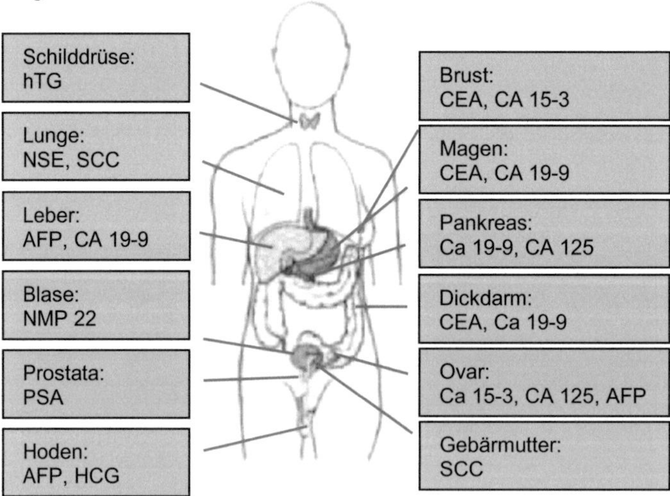

Abb. 25: Wichtige Tumormarker des Menschen

Tumormarker eigenen sich nur selten zum Screening auf einen Tumor, d.h. der Suche, Lokalisation und Stadieneinteilung. Es besteht kein direkter Zusammenhang zwischen der Größe des Tumors und der Konzentration des Tumormarkers. Ebenso sind Störfaktoren und Einflussfaktoren zu beachten; z. B. haben Raucher bis zu 5fach höhere Werte des Tumormarkers CEA und bei männlichen Radfahrern kann oftmals ein erhöhter PSA-Wert gemessen werden.

Bronchialkarzinom (Lungenkarzinom):
Die Neuronenspezifische Enolase (NSE) ist für das kleinzellige Bronchialkarzinom ein geeigneter Tumormarker, ebenso wie das SCC (Squamous Cell Carcinoma Antigen) für das Plattenepithelkarzinom.

Mammakarzinom:
Das Cancer-Antigen 15-3 (CA15-3) wird vor allem für Tumoren der weiblichen Brust bestimmt. Aber auch bei Eierstocktumoren kann dieses Antigen in erhöhter Konzentration gefunden werden.

Pankreas- und Gallengangskarzinom (Tumoren der Bauchspeicheldrüse und Gallenwege):
Das Carbohydrate-Antigen 19-9 (CA19-9) ist ein Marker für Tumoren der Bauchspeicheldrüse und der Gallenwege. Als unspezifisches Antigen kann es jedoch auch bei Tumoren des Magens, des Dickdarms und der Leber in erhöhten Konzentrationen gefunden werden.

Kolonkarzinom (Dickdarmkrebs):
Das Carcinoembryonale Antigen (CEA) ist ein relativ unspezifischer Marker der auf Tumoren des Dickdarms, des Magens aber auch der Lunge und der weiblichen Brust hinweist.

Schilddrüsenkarzinom (Schilddrüsentumor):
Das humane Thyreoglobulin (hTG) und das Calcitonin eigenen sich als Tumormarker für bestimmte Formen des Schilddrüsentumors.

Prostatakarzinom (Tumoren der Prostata):
Das Prostataspezifische Antigen (PSA) ist eine Serienprotease deren Konzentration bei einer Vergrößerung der Prostata und bei Tumoren ansteigt. Zur Differentialdiagnose, ob eine gutartige Vergrößerung der Prostata oder ein bösartiger Tumor vorliegt, wird das

freie PSA und das Gesamt-PSA gemessen und ein Quotient gebildet, der für die Differentialdiagnose genutzt werden kann.

<u>Ovarialkarzinom (Eierstocktumor):</u>
Das Cancer-Antigen 125 (CA125) ist ein Marker für Tumoren der Eierstöcke, kann jedoch auch bei Tumoren des Pankreas (Bauchspeicheldrüse) und der Gallenwege in erhöhter Konzentration gemessen werden.
Das Alpha-1-Fetoprotein (AFP) kann auch bei Tumoren der Eierstöcke in erhöhten Konzentrationen gefunden, analysiert oder detektiert werden.

<u>Hodenkrebs (Keimzelltumor):</u>
Das Alpha-1-Fetoprotein (AFP) wird bevorzugt zur Diagnostik des Hodentumors eingesetzt. Dieser Marker kann jedoch auch bei Tumoren der Leber und der Eierstöcke bei Frauen in erhöhten Konzentrationen gefunden werden und analysiert werden.
Ebenso kann das humane Choriongonadotropin (HCG) zur Diagnostik von Tumoren des Hodens eingesetzt werden. Bei Frauen ist jedoch zu beachten dass das HCG normalerweise auch während der Schwangerschaft in erhöhter Konzentration zu messen ist.

<u>Blasenkarzinom:</u>
Zur Diagnostik des Blasenkarzinoms eignet sich das Nukleäre-Matrix-Protein (NMP 22).

<u>Cervixkarzinom:</u>
Hierfür steht der Tumormarker Squamous Cell Carcinoma Antigen (SCC) zur Verfügung.

16 Therapeutisches Drugmonitoring

Die Analyse von Arzneimittelkonzentrationen im Blut ist für die Überwachung und Optimierung einer medikamentösen Therapie oftmals notwendig. Insbesondere die Kenntnis der Pharmakokinetik, d.h. die Verlaufsbeobachtung der Konzentration eines eingenommenen Arzneimittels, kann das Risiko von toxischen (unerwünschten) Nebenwirkungen deutlich vermindern. Und umgekehrt kann eine nicht ausreichende oder fehlende Wirkung des Medikamentes erkannt werden.

Einflussfaktoren können die Blutspiegel der therapeutischen Arzneimittel verändern; z. B. bei einer unregelmäßigen Einnahme dieser Medikamente (mangelnden Compliance des Patienten). Genetische Faktoren, zusätzliche Medikamenteneinnahme, ebenso wie das Rauchen können zu verminderten Arzneimittelkonzentrationen und dem Ausbleiben des therapeutischen Effektes, aber auch zu erhöhten Konzentrationen und toxischen Nebenwirkungen des verabreichten Medikamentes führen. D.h. die therapeutische Breite kann unter Umständen äußerst gering sein.

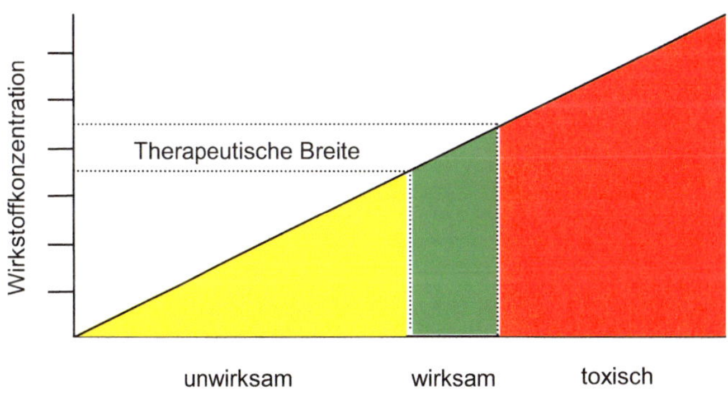

Abb. 26: Therapeutische Breite

Die Durchführung des therapeutischen Drug-Monitoring (TDM) muss somit direkte Konsequenzen für die Therapie haben. Es sollte eine strenge Korrelation zwischen Konzentration und Wirkung vorhanden sein. Das TDM ist insbesondere indiziert wenn Arzneimittel mit einer geringen therapeutischen Breite, z. B. Aminoglycoside, und eine geringe interindividuelle Variabilität zwischen therapeutischem und toxischem Bereich des Medikamentes besteht. Weiterhin indiziert ist die Bestimmung des TDM bei Patienten mit besonderen genetischen Merkmalen, z. B. wenn sie das entsprechende Medikament nicht verstoffwechseln können; das gleiche gilt auch für immunsupprimierte Patienten. Bei Patienten mit eingeschränkter Nierenfunktion ist sehr häufig das TDM nötig, um toxische Konzentrationen der therapierten Medikamente zu vermeiden.

Zur Beurteilung der gemessenen Medikamentenkonzentrationen ist es unbedingt wichtig den Zeitpunkt der Blutentnahme zu kennen. Empfohlen wird die Bestimmung des Talspiegels (niedrigste Analytkonzentration), d.h. die Blutentnahme sollte unmittelbar vor der nächsten Gabe der Medikamentendosis erfolgen. Die Analyse des Spitzenspiegels (maximale Analytkonzentration) sollte nach einem definierten Intervall, das abhängig vom Wirkstoff ist, durchgeführt werden.

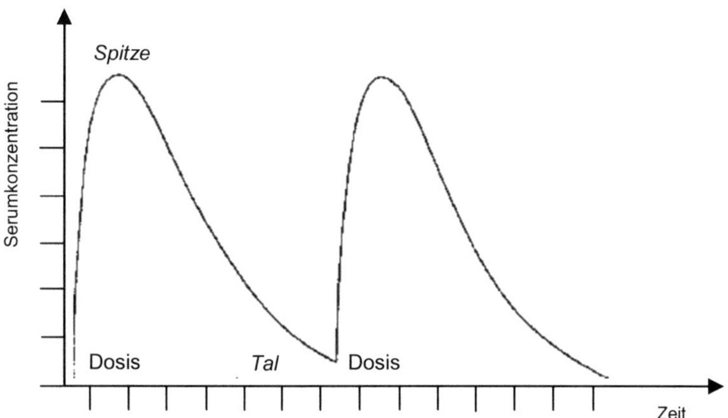

Abb. 27: Serumkonzentration im steady-state zwischen Spitzenwert und Talwert

Weitere wichtige Angaben zur Diagnostik sind das Alter, Geschlecht, Körpergröße und Körpergewicht des Patienten, bisherige Dosierung und Therapiedauer, Angaben zur Nierenfunktion und einer eventuellen Begleitmedikation, sowie sonstige wichtige Angaben z. B. genetische Mutationen.

Exemplarisch sind hier Arzneimittel bzw. -gruppen aufgeführt für die ein therapeutisches TDM notwendig sind:
- Aminoglycoside (Amikacin, Tobramycin, Gentamicin)
- Glykopeptide (Vancomycin, Teicoplanin)
- Immunsuppressiva (Ciclosporin A, Tacrolimus, Sirolimus)
- Antiepileptika (Valproinsäure, Carbamazepin, Oxcarbazepin, Phenytoin)
- Antiretrovirale Arzneimittel (Nukleosidanaloga, Proteaseinhibitoren)
- Antiarrhythmika (Amiodaron)
- Digitalisglycoside (Digoxin, Digitoxin)
- Antipsychopharmaka (Clozapin)
- Antidepressiva (Amitriptylin)
- Stimmungsaufheller (Lithium)
- Theophyllin, Koffein und andere mehr.

Viele Medikamente, z. B. Antibiotika, haben eine große therapeutische Breite und erfordern deshalb kein Monitoring, d.h. keine Konzentrationsbestimmung des Medikamentes zu definierten Zeiten. Jedoch werden auch solche eingesetzt, die nur eine geringe therapeutische Breite besitzen.
Z. B. das Gentamicin wirkt bei zu hohen Konzentrationen nephrotoxisch, d.h. die Nieren werden durch das Antibiotikum geschädigt. Maximalkonzentrationen kurz nach der Injektion des Gentamicins (Spitzenspiegel) sollten zwischen 6 und 10 µg/ml liegen, während die Talspiegel nicht unter 0,5 bis 2 µg/ml liegen sollten.

17　Säure-Basen-Haushalt

Der Säure-Basen-Haushalt ist ein fein abgestimmter Regelkreis um ein Gleichgewicht zwischen Basen und Säuren zu halten. Dieses Gleichgewicht wird als pH-Wert im Blut gemessen und liegt zwischen 7,35 und 7,45.

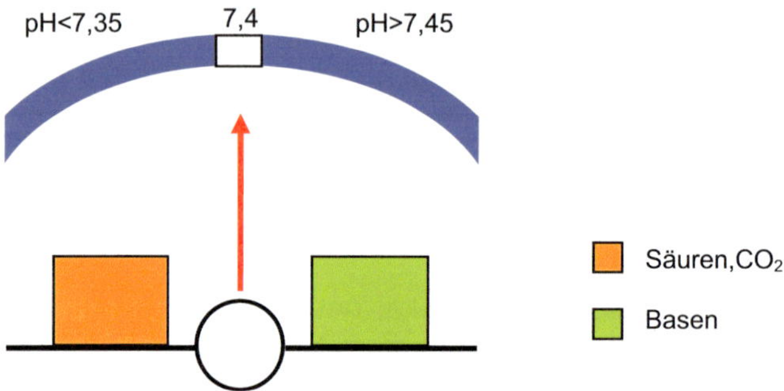

Abb. 28: Ausgeglichener Säure-Basen-Haushalt

Zu den Mechanismen um diesen Haushalt im engen Bereich zu regeln gehören die Abatmung von CO_2 über die Lunge, die Verdauung, die Hormonproduktion und die Nierenfunktion. CO_2 ist das Stoffwechselendprodukt in allen Zellen. Im Blut wird dieses Gas in der löslichen Form als Kohlensäure (H_2CO_3) transportiert und über die Lungen wieder in Gasform als CO_2 abgeatmet.

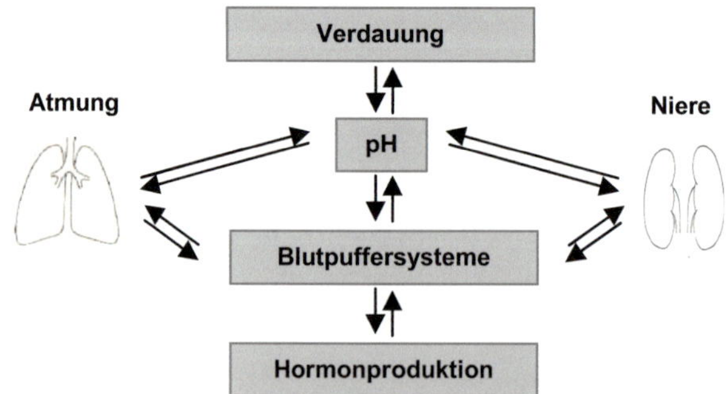

Abb. 29: Regelkreis des Säure-Basen-Haushalts

Liegt der pH-Wert unter 7,35 liegt eine Azidose oder Übersäuerung vor. Ursachen hierfür sind meist metabolischer Art, z. B. Patienten mit eingeschränkter Nierenfunktion.

Hierdurch können Säuren nicht ausreichend mit dem Urin ausgeschieden werden; das gleiche kann auch für Basen gelten. Auch bei Patienten mit einem Diabetes mellitus und hohen Glukosekonzentrationen im Blut kommt es häufig zu einer Azidose, der diabetischen Ketoazidose. D.h. durch verstärkten Abbau von Fetten (Lipoproteine) werden vermehrt Ketonkörper gebildet, welche den pH-Wert senken.

Übersäuerungen des Blutes können auch durch ungesunde Nahrungsmittel wie Kaffee, Alkohol, viel tierische Eiweiße in Fleisch und Wurst oder durch Stress bedingt sein.

Da die Lunge einen wesentlichen Anteil bei der Stoffwechselregulation und somit auf den pH-Wert des Blutes hat kann eine verminderte Atemleistung (Hypoventilation) zu mangelnder CO_2-Abatmung führen; d.h. durch das Überangebot der Kohlensäure wird das Blut sauer (pH < 7,35).

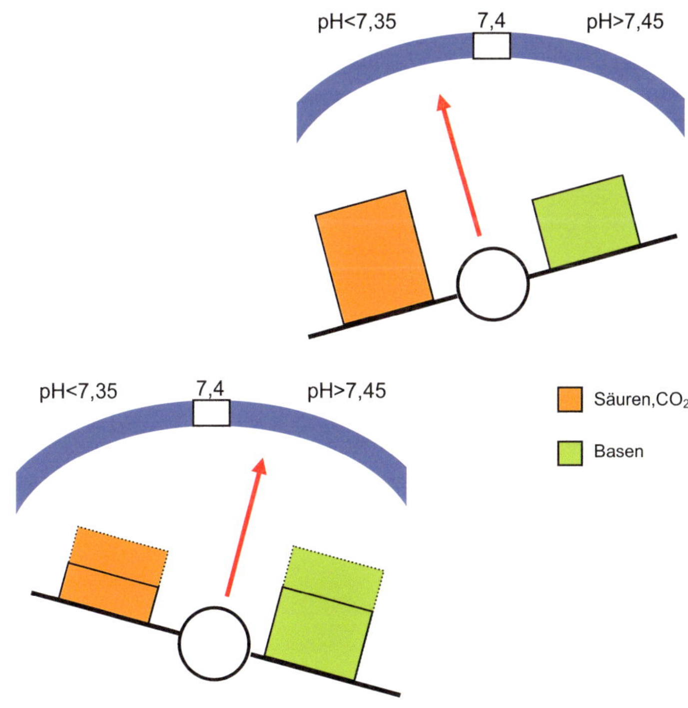

Abb. 30: Säure-Basen-Haushalt

Umgekehrt kann die verstärkte Abatmung von CO_2 (Hyperventilation), welche normalerweise zu einem Anstieg des pH-Wertes führt, beim Vorliegen einer metabolischen Azidose als Kompensation eingesetzt werden um die Übersäuerung des Blutes abzuschwächen.
Liegt der pH-Wert über 7,45 liegt eine Alkalose, bzw. ein Mangel an Säure, vor. Eine Ursache hierfür kann massives Erbrechen, z. B. bei Bulimia nervosa, auch Ess-Brech-Sucht genannt, sein. Durch das Erbrechen geht hierbei viel Säure aus dem Magen verloren.

<u>Diagnostik</u>
Die systematische Beurteilung des Säure-Basen-Haushaltes erfolgt mit der Blutgasanalyse, bei der im wesentlichen der pH-Wert mit einer Glaselektrode, der Partialdruck von CO_2 (pCO_2) durch Potentiometrie im Blut gemessen und der Basenüberschuss (BE) aus dem pH- und dem pCO_2-Wert errechnet wird.
Außerdem werden mit der Blutgasanalyse gleichzeitig der Sauerstoffpartialdruck (pO_2), die Sauerstoffsättigung (O_2 %) und das aktuelle Bicarbonat (HCO^3) mitbestimmt.

Bei der Beurteilung und Differenzierung des Säure-Basen-Haushaltes in rein metabolische, respiratorische, teilweise kompensierte Azidosen bzw. Alkalosen mittels der Blutgasanalyse sollte das idealerweise arterielle Blut kurz vor der Analyse entnommen und die aktuelle Körpertemperatur und der aktuelle Hämoglobinwert des Patienten berücksichtigt werden.

Die Blutgaswerte liegen beim Gesunden in engen Grenzen:

pH	7,35 - 7,45
pCO_2	26 - 42 mm Hg
Aktuelles Bicarbonat (HCO_3-)	22 - 29 mmol/l
Baseexzess (BE)	-2,5 bis +2,5 mmol/l
pO_2	74 - 108 mm Hg
O_2-Sättigung	94 - 98 %

Tab. 13: Referenzwerte der Blutgaswerte

18 Blutgerinnung

Die Blutgerinnung ist ein Mechanismus zur kurzfristigen Blutstillung, wenn eine Verletzung des Gefäßsystems vorliegt. Dieser Prozess wird von mehreren Substanzen komplex gesteuert. Gleichzeitig muss jedoch in den intakten Gefäßsystemen des Körpers die Blutstillung verhindert werden, da dies beispielsweise zu einem Verschluss (Thrombose) führen kann.
Im Normalzustand sorgt das Gerinnungssystem, dass das Blut gleichmäßig flüssig ist und frei zirkulieren kann um Sauerstoff und Nährstoffe zu den Organen und Geweben zu transportieren.

Die Stillung des Blutes, die Hämostase, nach einer Gewebeverletzung wird initial durch eine Aggregation von Blutplättchen (Thrombozyten) eingeleitet. An diesem Prozess sind Wandzellen (Endothel) der betroffenen Blutgefäße, Kollagen, Adrenalin, Thrombin und die Gerinnungsfaktoren von-Willebrand-Faktor und Plättchenaktivierender Faktor beteiligt. Hierdurch können weitere Thrombozyten anlagern und aggregieren und somit in einer ersten (primären) Phase die Wunde verschließen. Prostacyclin verhindert, dass die Thrombozytenaggregation auch außerhalb des Verletzungsbereiches wirkt.

Dieser Prozess läuft in fünf Stufen:

1. Kontakt der Plättchen mit verletztem Gefäßgewebe
2. Adhäsion der Plättchen über von Willebrand-Faktor an Kollagen im Subendothel
3. Die Plättchen breiten sich aus, um die verletzte Stelle abzudecken
4. Die Aggregation vieler Plättchen bildet eine Barriere gegen weiteren Blutverlust
5. Durch die Bildung von Fibrin wird das Blutgerinnsel stabilisiert, die Hämostase wird gesichert.

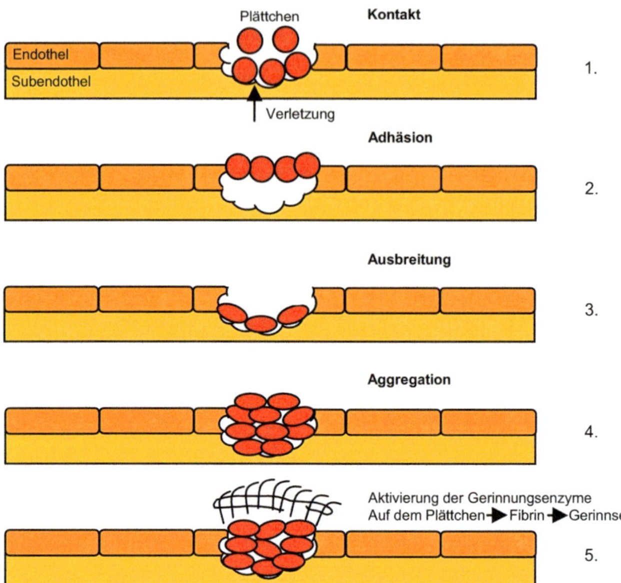

Abb. 31: Der Mechanismus der Plättchenaktivierung bei einer Gefäßverletzung

Um diesen noch instabilen Wundverschluss zu festigen setzt die sekundäre, häufig auch plasmatische Hämostase genannt, ein. Aus Fibrin werden Fibrinfäden gebildet. Hier sind ca. 12 Gerinnungsfaktoren beteiligt, die sich jedoch erst gegenseitig aktivieren; d.h. in einer kaskadenartigen Reaktion ablaufen.

Diese Reaktionsfolge läuft in zwei getrennten Wegen, die gemeinsam aus einer Vorstufe dem Prothrombin das Thrombin bilden. Thrombin wiederum spaltet die im Blut vorhandenen Fibrinogendimere und vernetzt diese über so genannte Fibrinopeptide zu polymerem Fibrin. Durch Mitwirkung des Gerinnungsfaktors XIII wird der gebildete Thrombus stabilisiert.

Die beiden parallel verlaufenden Reaktionsfolgen werden unterschieden in den extrinsischen Weg, wenn die Kaskade durch den freigesetzten Thrombinaktivator aus der verletzten Stelle startet, und in den intrinsischen Weg. Letzterer startet mit der Freisetzung des Thrombinaktivators zusammen mit Kollagen und den Gerinnungsfaktor XII aus dem Blut. Weitere an dieser Reaktionsfolge beteiligte Gerinnungsaktivatoren sind Faktor XI, Faktor X und Faktor IX und Faktor VIII.

Der extrinsische Weg wird durch das verletzte Gewebe mit der Freisetzung von Gewebefaktoren (Tissue Factor) und der kaskadenartigen Aktivierung der Gerinnungsfaktoren VII und X gestartet.

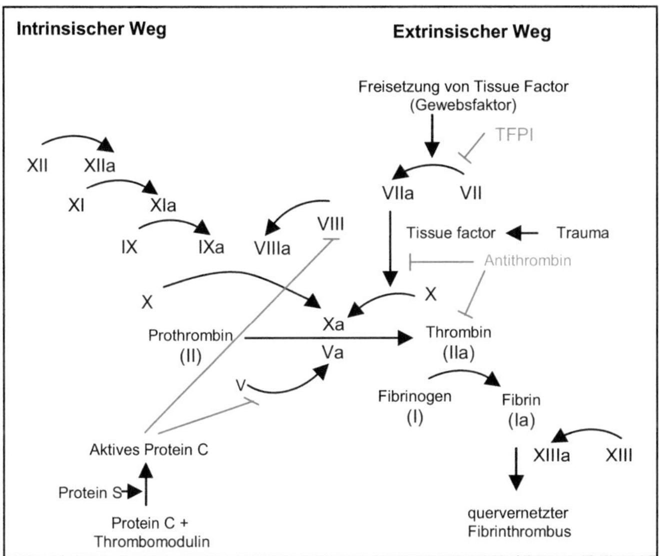

Abb. 32: Die Gerinnungskaskade

Das Fehlen von Gerinnungsfaktoren führt zur unvollständigen oder ausbleibenden Blutstillung. Das bekannteste Beispiel ist der Mangel an Faktor VIII, der zur Bluterkrankheit, der Hämophilie A führt. Die zuvor beschriebenen komplexen Vorgänge bei der Hämostase (Blutstillung) können vielfach gestört sein. Es können erworbene oder angeborene Störungen der Blutgefäße, Funktionsstörungen oder der Mangel an Thrombozyten (Blutplättchen) aber auch der Mangel an Gerinnungsfaktoren vorliegen. Vor allem können schwerwiegende Erkrankungen der Leber mit entsprechender Funktionseinschränkung zu einem Mangel an Gerinnungsfaktoren und für die Hämostase notwendiges Vitamin K führen, da diese Produkte in der Leber produziert werden.

D.h. Ursachen für Blutungsneigungen können angeboren, erworben, nahrungsbedingt, medikamentös und Folge einer Erkrankung sein. Aber auch körpereigene Botenstoffe, die übermäßig stark produziert werden, wie z. B. Histamin und Serotonin können zu gefährlichen Blutungen führen. Hierbei werden durch die hohe Konzentration dieser Stoffe die plasmatischen Gerinnungsfaktoren sehr schnell verbraucht und können vom Körper nicht schnell genug neu synthetisiert werden. Diese lebensbedrohliche und oftmals tödlich endende Erkrankung wird disseminierte intravasale Koagulopathie genannt.

Aber nicht nur die erhöhte Blutungsneigung ist gefürchtet, sondern auch die Entstehung eines Blutgerinnsels (Thrombus). Auch hier können die Ursachen Schäden in der Gefäßwand, verminderte Blutzirkulation, erhöhte Viskosität des Blutes oder ebenso Gerinnungsstörungen sein.
Bei einer zu starken Gerinnungsreaktion, d.h. einer Thrombosegefahr kann das Gerinnungssystem mit Medikamenten beeinflusst werden. Hierzu zählen die Heparine, Vitamin K-Antagonisten (Cumarine) Acetylsalicylsäure (ASS), Clopidogrel, und andere mehr.
Weitere Ursachen für vermehrte Gefäßverschlüsse, z. B. Thrombosen, sind genetische Mutationen des Prothrombins und des Faktor V-Leiden, das Antiphospolipid-Syndrom, der Mangel an Inhibitoren der Gerinnung, z. B. Protein C, Protein S und Antithrombin III, erhöhtes Homocystein und erhöhte Konzentration des Gerinnungsfaktors VIII.

<u>Diagnostik</u>
Für die Diagnostik solcher Störungen ist es notwendig eine Blutprobe zu gewinnen und zu verhindern dass das Blut nicht schon vor der Untersuchung gerinnt. Hierfür stehen spezielle Abnahmeröhrchen mit einem Zusatz von Citrat zur Verfügung. Bei Verdacht auf eine Störung der Hämostase werden zunächst Globaltests durchgeführt. Die Blutungszeit gibt Hinweise auf eine Störung der primären Hämostase, also der mangelnden Thrombozytenaggregation. Der Quick-Wert (Thromboplastinzeit) lässt Störungen des extrinsischen Aktivierungsweges, die partielle Thromboplastinzeit (PTT) Störungen des intrinsischen Aktivierungsweges der Hämostase erkennen. Die Zählung der Thrombozyten ist ebenfalls ein Globaltest um Störungen des Hämostasesystems zu erkennen.

Spezielle Suchtests zur Diagnostik von einzelnen Gerinnungsproteinen sind immer dann indiziert, wenn einer der Globaltests pathologisch ausfallen.

Faktor	Name
I	Fibrinogen
II	Prothrombin
III	Gewebefaktor Gewebethromboplastin Tissue factor (TF)
IV	Calcium
V	Proaccelerin
VII	Proconvertin
VIII	Antihämophiles Globulin A
IX	Christmas-Faktor Antihämophiles Globulin B
X	Stuart-Prower-Faktor
XI	Rosenthal-Faktor Plasma Thromboplasmin Antecedent (PTA)
XII	Hageman-Faktor
XIII	Fibrinstabilisierender Faktor

Tab. 14: Gerinnungsfaktoren

Eine ganz besondere wichtige Rolle bei Hämostasestörungen spielt jedoch die Anamnese. Hier können erste Hinweise auf Art, Dauer und Häufigkeit der Blutung, ebenso wie Informationen zur Einnahme von Medikamenten, angeborenen oder erworbenen Erkrankungen, familiären Belastungen oder andere Grundkrankheiten erhoben werden.

19 Blutgruppenserologie

Die Vererbung von Blutgruppenmerkmalen ist seit langem bekannt.
Bei den Blutgruppen entspricht das Genprodukt den spezifischen
Antigenen, die auf der Oberfläche der Erythrozyten lokalisiert sind.
Bereits im Jahre 1900 erkannte Karl Landsteiner diese Antigene und
schuf damit die Grundlagen für die Vorhersage von serologisch ver-
träglichen Bluttransfusionen. Er definiert zwei Antigene A und B und
wies ihre entsprechenden Antikörper Anti-A und Anti-B im menschlichen Blut nach. Damit gelang die Einteilung in vier Gruppen: Blutgruppe A, Blutgruppe B, Blutgruppe AB und Blutgruppe 0. Erst sehr
viel später konnten zwei verschiedene A-Antigene A_1 und A_2 nachgewiesen werden.

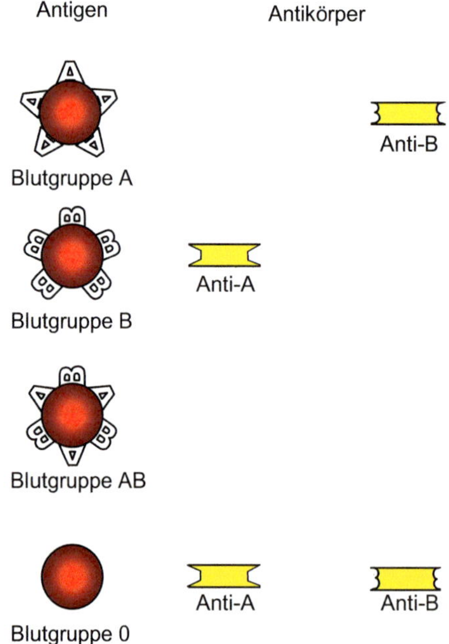

Abb. 33: Das Blutgruppen (AB0)-System

Die im Blut nachweisbaren Antikörper sind wichtige phänotypische
Charakteristika, können jedoch im Gegensatz zu den spezifischen
Antigenen nicht vererbt werden. Deshalb sind normalerweise keine

Antikörper vorhanden, die gegen die eigenen Antigene auf den Erythrozyten gerichtet sind, gleichwohl aber andere Antikörper. D.h. bei einem Menschen mit der Blutgruppe A sind in der Regel keine Anti-A-Antikörper vorhanden; es können jedoch Anti-B-Antikörper nachgewiesen werden. Solche Antikörper entwickeln sich bereits bei harmlosen Kontakten mit der Umwelt, so dass diese, obwohl immunologisch entstanden auch als natürliche Antikörper bezeichnet werden.

Als weitere immunisierende Ursachen zählen z. B. Transfusionen von unverträglichen Erythrozyten und Schwangerschaften mit einem ABO-inkompatiblen Foetus. Hierbei entstehen oftmals lebensbedrohliche Situationen, da die erworbenen Antikörper mit den körpereigenen Erythrozytenantigenen reagieren und im Blut als Agglutinate verklumpen.

Weiterhin sind auch Autoantikörper bekannt, z. B. wenn ein Mensch Antikörper entwickelt, die gegen seine eigenen Blutgruppenantigene gerichtet sind. In der Regel entwickeln sich solche Autoantikörper nur sehr langsam und sind häufig genauso harmlos wie die zuvor beschriebenen natürlichen Antikörper (Alloantikörper). Es können sich jedoch auch hier lebensbedrohliche Situationen entwickeln wenn Fremdblut transfundiert wird und diese Autoantikörper nicht berücksichtigt werden.

Blutgruppenantikörper sind Immunglobuline, entweder vom Typ IgG oder IgM. Aufgrund ihrer unterschiedlichen Molekülgröße und ihres unterschiedlichen Aufbaues werden solche Antikörper häufig in komplette und inkomplette Antikörper unterschieden. Erstere reagieren im einfachen Kochsalzmilieu, welches im Labornachweis eingesetzt wird, direkt mit den Erythrozyten und agglutinieren diese. Es handelt sich hierbei um IgM-Antikörper.

Um inkomplette Antikörper, es sind dies die kleineren IgG-Antikörper, zu agglutinieren muss im Labornachweis mit Zusätzen z. B. Dextran, Gelatine und anderen gearbeitet werden.

Zur zusätzlichen Sicherheit um inkomplette Antikörper nicht zu übersehen wird der Laboransatz mit Coombsserum versetzt, einem Kaninchenserum welches mit menschlichen Immunglobulinen reagiert. Bekanntester und typischster Coombsantikörper ist das Rhesusmerkmal Anti-D. Auch andere, meist seltenere, jedoch transfusionsrelevante Blutgruppenantikörper können nur anhand des Coombstests nachgewiesen werden.

Neben dem AB0- und Rhesussystem ist das drittwichtigste Blutgruppensystem das Kell-System. Es handelt sich hierbei um die zwei Antigene K (Kell) und k (cellano). Da ein Großteil der Menschen Kell negativ sind (mehr als 90 %) sollte bei Bluttransfusionen nur Kellnegatives Blut transfundiert werden, um eine Antikörperbildung zu vermeiden.

Da im Rahmen einer Bluttransfusion der blutbenötigende Patient (Empfänger) Erythrozyten-Konzentrate von einem Blutspender erhält, ist es von großer Wichtigkeit, dass vor einer Bluttransfusion im Labor die erforderlichen Verträglichkeitstests z. B. die Kreuzprobe genauestens durchgeführt werden. Nur hiermit kann eine Übereinstimmung der Blutgruppen von Spender und Empfänger sichergestellt werden.
Sollte es zu Differenzen kommen, wie z. B. Unterschiede in den Blutgruppen, dem Rhesussystem oder anderen Systemen so kann es beim Blut empfangenden Patienten zu Fieber, Herz-Kreislaufstörungen, Hämolyse (Zerstörung der roten Blutkörperchen), Nierenversagen und anaphylaktischem Schock kommen. Dies können durchaus lebensbedrohliche Situationen darstellen.
Deshalb sind für die Anwendung und Herstellung von Blutprodukten sehr detaillierte Richtlinien von der Bundesärztekammer gemeinsam mit dem Paul-Ehrlich-Institut aufgestellt worden; Basis ist das Transfusionsgesetz. Diese werden regelmäßig aktualisiert um den jeweiligen anerkannten Stand der medizinischen Wissenschaft und Technik zu berücksichtigen.

Das Vorkommen von Blutgruppen ist abhängig vom Herkunftsland der untersuchten Menschen. In Mitteleuropa finden wir am häufigsten die Blutgruppe A mit ca. 44 %, die Blutgruppe 0 mit ca. 42 %, die Blutgruppe B mit ca. 10 % und die Blutgruppe AB mit ca. 4 %.
Diese Verteilung ist den Vererbungsmerkmalen von Patienten mit A- und B-Antigenen, die autosomal-dominant stattfindet, geschuldet.
Die Vererbung des Rhesusfaktors D ist dominant-rezessiv. Dies bedeutet, dass der Faktor gegenüber Rhesus negativen Phänotypen dominant ist. Deshalb sind ca. 85 % der europäischen Bevölkerung Rhesus positiv.

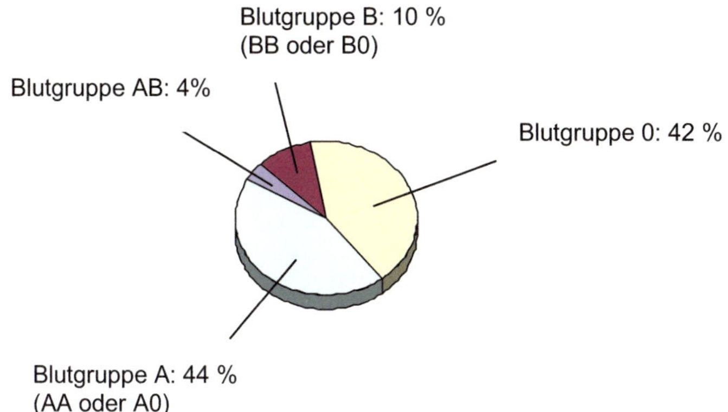

Abb. 34: Verteilung der Blutgruppen in Mitteleuropa

Menschen mit der Blutgruppe 0 gelten allgemein als Universalspender, da ihr Blut von allen anderen Menschen mit anderen Blutgruppen empfangen werden kann. Universalempfänger sind entsprechend Menschen mit der Blutgruppe AB, da ihnen im Notfall auch Erythrozyten mit den Blutgruppenmerkmalen A, B und 0 übertragen werden können.

20   Virale Infektionen

Menschen infizieren sich mit Viren sehr häufig bei direktem Kontakt zu erkrankten anderen Personen (Grippe) oder Tieren (Tollwut). Auch der Kontakt mit infizierten Lebensmitteln kann zu viralen Erkrankungen führen (Hepatitis A).

Eine Virusinfektion ist gekennzeichnet durch den Eintritt von Viren in den Organismus und deren Vermehrung vor Ort. Genaugenommen wird nur die Virus-DNA oder -RNA in die Zellen der befallenen Person aufgenommen. Diese können aber die befallenen Zellen so verändern, dass diese das Virus reproduzieren können. Häufig überleben die so infizierten Zellen dies nicht. Dieser Prozess der Reproduktion muss nicht lokal begrenzt sein, sondern kann als systemische Infektion mehrere Organe betreffen.
Das körpereigene Immunsystem kann solche infizierten Zellen erkennen; insbesondere recht frühzeitig wenn die befallene Person gegen diese Viren geimpft wurde. Diese Zellen werden abgetötet; hierbei prägen sich die charakteristischen Symptome für diese Virusart typischen klinischen Zeichen, d.h. die Erkrankung, aus.

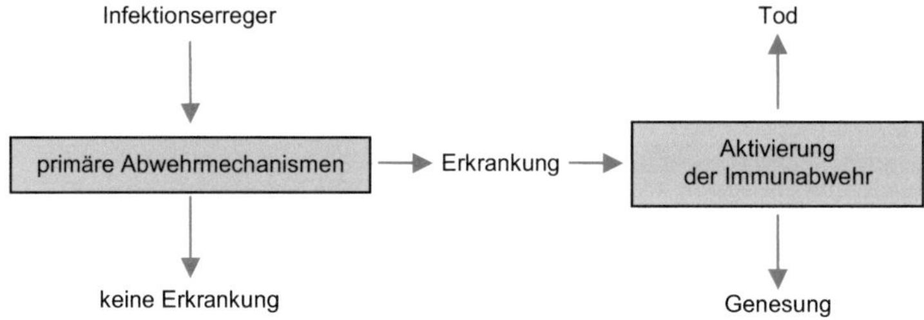

Abb. 35: Verlauf einer Infektion

Da viele der Viruserkrankungen generalisiert ablaufen, d.h. mehrere Organe bzw. auch Organsysteme betreffen, geprägt von spezifischen und vielfältigen klinischen Symptomen, können diese oftmals leicht von bakteriellen Infektionen unterschieden werden.
Schwierig ist es jedoch die Ursache für lokale Infektionen, z. B. Infektionen der oberen Atemwege, zu erkennen. Eine Infektion mit Influenzaviren muss nicht therapiert werden, aber eine bakterielle Infektion mit schweren Krankheitszeichen sollte mit Antibiotika, die das Bakterium abtöten können, behandelt werden. Zum Ausschluss

einer bakteriellen Infektion wird sehr häufig das C-reaktive Protein (CRP) oder das Procalcitonin (PCT) mit einer höheren Spezifität, d.h. Aussagekraft, gemessen.

<u>Diagnostik</u>
Zur detaillierten Diagnose des krankheitsverursachenden Virus stehen viele Tests zur Verfügung. Häufig wird der spezifische Antikörper im Blut der erkrankten Person bestimmt; dieser kann jedoch oftmals erst nach Tagen oder Wochen nachgewiesen werden. Um eine Infektion früher zu erkennen müssen schnellere Testverfahren eingesetzt werden; es sind dies Teste die das spezifische Antigen oder die spezifische DNA oder RNA nachweisen können.

Hierzu werden spezielle Techniken wie die Immunfluoreszenz, passive Agglutination mit Latex-Partikeln und der Genomnachweis mittels Polymerase-Kettenreaktion (PCR) eingesetzt. Die Virusisolierung auf Zellkulturen mit anschließender Identifikation wird wegen ihres hohen Zeitbedarfs nur noch selten durchgeführt.

Die Klassifizierung von Viren kann gemäß der Epidemiologie, nach infiziertem Wirt oder am besten nach Krankheitsbildern erfolgen.

Virusfamilie	**Untergruppierung**	**Krankheit**
Adenoviren	viele	Auge- u. Atemwegsinfektionen
Hepadnaviren	Hepatitis-B-Virus	Hepatitis B
Herpesviren	Simplex-Typ I u. II	Augen, Haut- u. Genitalkrankheiten
	Varicella-Zoster	Windpocken
	Herpes-Zoster	Zoster (Gürtelrose)
	Zytomegalievirus	Mononukleosis
	Epstein-Barr-Virus	Mononukleosis
Papillomviren	Humane Papillomviren	Gebärmutterhalskrebs
Papovaviren	Humanes Polyoma-Virus SV 40	Warzen
Pockenviren	Variola	Pocken, Kuhpocken
	Vaccinia	Mononukleosis

Tab. 15: Einteilung wichtiger DNA-Viren beim Menschen

Die bekanntesten leberschädigenden Virusinfektionen sind die Hepatitis A, B, C und die in Europa weniger häufige Hepatitis D und E.

Virusfamilie	Untergruppierung	Krankheit
Caliciviren	Norovirus	Gastroenteritis
Coronaviren	SARS-CoV	Schweres akutes Atem-wegssyndrom (SARS)
Flaviviren	Gelbfieber-Virus Hepatitis-C-Virus	Gelbfieber Hepatitis C
Filoviren	Marburg-Virus Ebola-Virus	Marburgfieber Hämorrhagisches Fieber
Paramyxoviren	Rarainfluenzavirus RS-Virus Rubella	Parainfluenza Atemwegserkrankungen Masern
Picornaviren	Rhinoviren Enteroviren Hepatitis-A-Virus	Grippe, Erkankungen des Atemwegs- u. Verdau-ungstrakts Polio (Wundstarkrampf) Hepatitis A
Retroviren	HIV-1 und -2 HTLV	AIDS T-Zell-Leukämie
Reoviren	Rotaviren	Respiratorisches Syndrom
Rhabdoviren	Rabies-Virus	Rabies (Tollwut)
Orthomyxovi-ren	Influenza-A, -B, -C-Viren	Influenza A, B, C
Togaviren	Encephalitisvirus Rubivirus Arbovirus-A	Menigoencephalitis Rubella Hämorrhagisches Fieber

Tab. 16: Einteilung wichtiger RNA-Viren beim Menschen

Zu den Infektionen des Respirationstraktes zählen insbesondere die Influenza A- und B-Viren, Parainfluenzaviren, Rhino- und Echoviren, Coronaviren und das Respiratorische Synzytial-Virus. Rotaviren und Noroviren sind die häufigsten Erreger von Durchfallerkrankungen. Die häufigsten Erreger von exanthemischen Kinderkrankheiten sind das Röteln-, Masern-, Varicella zoster- und Parvovirus B 19. Zu den Tumorviren zählen bekannte Vertreter wie das humane Papillomavirus Typ 16 oder -18, das Epstein-Barr-Virus, das humane Herpesvirus Typ 8, das Hepatitis B- und Hepatitis C-Virus und das zu den Retroviren gehörige HIV-1/2, das beim Aids nachgewiesen kann.
Virale Erreger von hämorrhagischen Fiebern können das Ebolavirus und die Dengueviren sein. Viele weitere virale Infektionen werden anhand ihres häufig typischen klinischen Verlaufs erkannt. Ein spezifischer Nachweis ist oftmals nicht nötig.

21   Bakterielle Infektionen

Körperregionen die mit der Umwelt in Kontakt stehen, z. B. die menschliche Haut sind von Bakterien besiedelt. Auf der Haut finden sich vor allem Staphylokokken, Corynebakterien und einige Pilze. Diese Bakterien bzw. Pilze, haben sich an den niedrigen pH-Wert auf der Haut und ihren erhöhten Fettsäuregehalt adaptiert; sie werden als physiologische (natürliche) Flora bezeichnet. Der Darmtrakt ist mit bis zu 400 verschiedenen Bakterienarten, meist Anaerobier besiedelt. Bekannteste Keimart ist das Escherichia coli (E. coli).

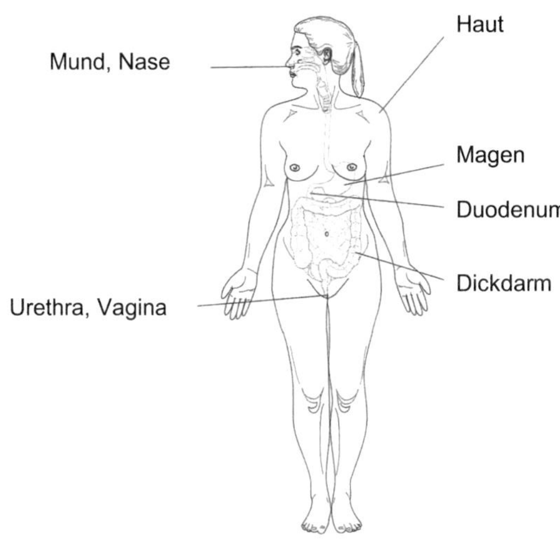

Abb. 36: Physiologische Körperflora des Menschen

Gelangen jedoch bakterielle Erreger in den Organismus an Stellen, wo entsprechende Bakterien keine natürlichen Lebensräume finden, so kommt es häufig zu sichtbaren Erkrankungen. Bakterien können passiv über kleine oder größere Verletzungen der Haut und Schleimhäute in den Organismus eintreten. Überwinden Bakterien jedoch anatomische Barrieren, z. B. die Haut, dann spricht man von aktiver Invasion. Die Ausbreitung der Keime wird durch verschiedene Einflüsse gefördert, z. B. Temperatur, pH-Wert, Enzyme u. v. mehr.

Der menschliche Organismus kann die Ausbreitung von pathogenen Mikroorganismen abwehren, entweder über unspezifische angeborene oder spezifische, erworbene Mechanismen. Hierzu zählen mechanische und humorale Faktoren, die zelluläre Phagozytose, das Komplementsystem und die B- und T-Zellen vermittelte Immunreaktion.

Bakterien sind die kleinsten selbstständigen Organismen, sie kommen als Kokken (perlenartig gereihte Kugeln), gerade Stäbchen oder gekrümmte, teilweise spiralige Stäbchen vor. Einige Bakterien besitzen an ihrer Zelloberfläche Geißeln um sich aktiv fortbewegen zu können. Andere Bakterien bilden Sporen die häufig eine hohe Resistenz aufweisen.

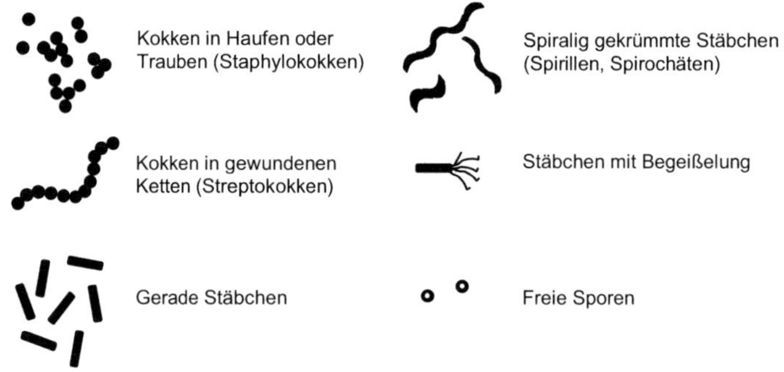

Abb. 37: Morphologie von Bakterien

Damit sich Bakterien vermehren können benötigen diese ein geeignetes Nährmedium. Sie bauen organische Stoffe ab und verbrauchen hierbei Energie. Sehr häufig benötigen sie für diesen Stoffwechsel Sauerstoff, sie werden als Aerobier (obligate oder fakultative) bezeichnet. Es sind jedoch auch Bakterienarten (Anaerobier) bekannt, die sich nur in sauerstofffreier oder sauerstoffarmer Umgebung vermehren können.
Bakterien vermehren sich durch einfache Teilung; ihre Zahl wächst logarithmisch. Die Wachstumszeit variiert jedoch stark von den einzelnen Bakterienarten. Tuberkulosebakterien z. B. haben eine sehr langsame Generationszeit, sie beträgt in vitro (unter Laborbedingungen) 8 bis 12 Stunden. Im Körper der Menschen (in vivo) ist diese Generationszeit meist noch länger.

Bakterien besitzen außerdem die Fähigkeit sich optimal den Umweltbedingungen anzupassen und ihr Erbgut zu verändern. Diese Eigenschaft von Mikroorganismen wird häufig als erworbene Resistenz bezeichnet und schränkt die Auswahl an therapeutischen Medikamenten (Antibiotika) deutlich ein; diese werden dann als Problemkeime bezeichnet. Problembakterien zeigen oftmals mehrfache Resistenzen gegen hochwirksame Antibiotika und erschweren die adäquate Therapie solcher Patienten; über diese Multiresistenzen wird in vielen Zeitschriften und Fachjournalen berichtet.

<u>Diagnostik</u>
Bakterielle Infektionen werden meist durch den direkten Nachweis des Erregers diagnostiziert. Hierbei ist die korrekte und sterile Entnahme des richtigen Untersuchungsmaterials, ebenso wie ein für das Untersuchungsgut adäquater Transport unerlässlich. Die klassischen Verfahren des Direktnachweises beruhen auf Mikroskopie und Kultur. Mit der mikroskopischen Beurteilung können morphologische und physiologische Merkmale der Bakterienart bestimmt werden. Form, Färbeverhalten, chemische Merkmale und Stoffwechselprodukte geben häufig schon charakteristische Hinweise auf das zu identifizierende Bakterium

Morphologische Merkmale	Chemische Merkmale	Physiologische Merkmale
Form (Kugel, Stäbchen, Spirale)	DNA-Struktur (Basensequenzen)	Enzyme der Atemkette (Oxidasen, Katalase)
Größe	Aufbau des Mureins der Zellwand	Enzyme, die Kohlenhydrate, Alkohole, Glykoside abbauen (z. B. Betagalaktosidase) Enzyme des Proteinstoffwechsels (z. B. Gelatinase, Kollagenase)
Pseudozellverbände (Haufen, Ketten, Diplokokken)	mit Antikörpern nachweisbare Feinstrukturen (z.B. Geißelprotein oder Polysaccharide der Zellwand oder Kapsel)	
Färbeverhalten (grampositiv, gramnegativ)		Enzyme des Aminosäurestoffwechsels (z.B. Decarboxylasen, Desaminasen, Urease); weitere Enzyme: z.B. Hämolysine, Lipasen, Lecithinasen, DNAsen
Flagellen (Nachweis, Anordnung)		
Kapselbildung		Endprodukte des Stoffwechsels (z.B. organische Säuren), Resistenz/Empfindlichkeit gegen chemische Noxen, Merkmale im anabolen Stoffwechsel (Citrat, u.a.)
Sporenform, Sporenbildung		

Tab. 17: Merkmalsgruppen für die Identifizierung von Bakterien

Einteilung der wichtigsten Bakterien mit spezif. Antibiotika-Therapie:

Gattung		Arten (Spezies)	Erreger-spezifische Antibiotika-Therapie
Grampositive Kokken	Staphylococcus	S. aureus (Methicillin-empfindlich)	Penicillin G Penicillin V Ceph. (1., 2. Generation) Amox./Clav.
		S. aureus (Methicillin-resistent)	Flucloxacillin Vancomycin Teicoplanin
		S. epidermidis (Koagulase-negativ)	Vancomycin
		S. saprophyticus	Cephalosporine (orale)
		S. haemolyticus	Vancomycin Teicoplanin
	Streptococcus	S. pyogenes (Serogr. A)	Penicillin G, V, Makrolide
		S. pneumoniae (Pneumococcus)	Penicillin G, V, Makrolide
		S. agalactiae (Serogr. B)	Ampicillin (Amp.)
		S. bovis	Penicillin G
		S. mitis	Penicillin G (hochdosiert)
		S. dysgalactiae (C, G)	Penicillin G Penicillin V
		S. intermedius (Serogr. F)	Penicillin G Penicillin V
	Enterococcus	E. faecalis	Ampicillin Vancomycin
		E. faecium	Linezolid
	Aerococcus	A. urinae	Penicillin G
	Leuconostoc	L. spp.*	Penicillin G
	Peptococcus	P. niger	Penicillin G
	Peptostrepto-coccus	P. spp.*	Penicillin G
Grampositive nichtsporen-bildende Stäbchen-bakterien	Listeria	L. mono-cytogenes	Ampicillin Carbapeneme
	Corynebacterium	C. diphteriae	Makrolide
		C. jeikelum (JK)	Vancomycin
	Arcanobacterium	A. haemolyticum	Makrolide
	Propionibacteri-um	P. acnes	Makrolide Doxycyclin
	Gardnerella	G. vaginalis	Metronidazol
	Erysipelothrix	E. rhusiopathiae	Penicillin G Cefotaxim

Grampositive Stäbchenbakterien und verzweigte Bakterien	Actinomyces	A. israelii	Penicillin G Cefotaxim
	Nocardia	N. asteroides	Cotrimoxazol Doxycyclin
		N. brasiliensis	Cotrimoxazol
	Rhodococcus	R. equi	Vancomycin
	Tropheryma	T. whipplei	Penicillin G + Aminoglykoside
	Mycobacterium	M. tuberculosis	Kombinationstherapie aus Isoniazid, Rifampicin, Pyrazinamid und Ethambutol
		M. leprae	
		M. avium-Komplex	

Enterobakterien	Citrobacter	C. spp.*	Chinolone (2. Generation) Carbapeneme
	Edwardsiella	E. tarda	Ampicillin
	Enterobacter	E. spp.*	Cefepim Carbapeneme
	Proteus	P. mirabilis	Cefotaxim Cefpirom
		P. spp.*	Cefotaxim Chinolone (2. Generation)
	Providencia	P. spp.*	Chinolone (2. Generation)
	Salmonella	S. spp.*	Chinolone Cefotaxim
	Serratia	S. spp.*	Cephalosporine (3. Generation) Chinolone (2. u. 3. Gen.)
	Escherichia	E. coli	Trimethoprim Chinolone
	Shigella	S. spp.*	Chinolone (1., 2. Generation)
	Klebsiella	K. spp.*	Cefotaxim Chinolone (2., 3., 4. Gen.)
	Morganella	M. spp.*	Chinolone (2. u. 3. Gen.) Carbapeneme
	Yersinia	Y. enterocolitica	Chinolone (1., 2. Gen.)
		Y. pestis	Doxycyclin + Aminoglykoside
		Y. pseudotuberculosis	Doxycyclin

Gramnegative Kokken und kokkoide Stäbchen	Neisseria	N. gonorrhoeae	Ceftriaxon
		N. meningitidis	Cefotaxim Ceftriaxon
	Moraxella	M. catarrhalis	Amoxicillin/Clavulansre. Cephalosporine (3. Gen)
	Acinetobacter	A. spp.*	Carbapeneme
	Kingella	K. kingii	Ampicillin
	Veillonella	V. parvula	Metronidazol
	Eikenella	E. corrodens	Ampicillin Amoxicillin/Clavulansre.-
	Calymmato bacterium	C. granulomatis	Doxycyclin

Gramnegative, anaerobe Stäbchen- bakterien	Bacteroides	B. fragilis	Metronidazol
		B. spp.*	Penicillin G
	Prevotella	P. spp.*	Amoxicillin/ Clavulansre. Amp./Sulbactam
	Fusobacterium	F. spp.*	Amoxicillin/ Clavulansre. Amp./Sulbactam

Gramnegative, fakultativ anaerobe Stäbchen- bakterien	Vibrio	V. cholerae	Chinolone (1., 2. Gen.) Doxycyclin
		V. parahaemo-lyticus	Chinolone (1., 2. Gen.) Doxycyclin
		V. vulnificus	Doxycyclin + Ceftazidim
	Aeromonas	A. spp.*	Chinolone (2. Generation) Cefotaxim
	Plesiomonas	P. shigelloides	Cotrimoxazol Chinolone
	Campylobacter	C. spp.*	Makrolide Doxycyclin
	Helicobacter	H. pylori	Amoxicillin + Metronida-zol + Protonenpumpen-hemmer
	Capnocyto-phaga	C. spp.*	Clindamycin Amox./Clav.
	Actinobacillus	A. spp.*	Penicillin G
	Cardiobacterium	C. hominis	Ampicillin
	Pasteurella	P. multocida	Penicillin G Doxycyclin
	Streptobacillus	S. moniliformis	Penicillin G Makrolide
	Chromobacte-rum	C. violaceum	Chinolone (2. Generation)

Gram-negative, aerobe Stäbchen-bakterien	Pseudomonas	P. aerugninosa	Ceftazidim Carbapeneme
	Burholderia	B. cepacia	Cotrimoxazol Ceftazidim
		B. mallei	Cotrimoxazol
		B. pseudomallei	Ceftazidim Amoxicillin/Clavulansre.
	Stenotrophonas	S. maltophilia	Cotrimoxazol
	Alcaligenes	A. spp.*	Carbapeneme
	Legionella	L. spp.*	Doxycyclin + Makrolide
	Francisella	F. tularensis	Aminoglykosid + Doxy-cyclin
	Brucella	B. spp.*	Doxycyclin + Rifampicin Doxycyclin + Amino-glyksid
	Haemophilus	H. ducreyi	Ceftriaxon
		H. influenza	Ampicillin Ceftriaxon
		H. spp.*	Ceftriaxon
	Bordetella	B. pertussis	Makrolide
Schrauben-förmige Bakterien (Spirochäten)	Borrelia	B. burgdorferi	Ceftriaxon Doxycyclin
		B. recurrentis	Doxycyclin
	Treponema	T. pallidum	Penicillin G
		T. pertinue	Penicillin G
	Leptospira	L. icterohae-morrhagiae	Penicillin G
		L. pomona	Penicillin G
	Spirillum	S. minus	Penicillin G Amoxicillin/Clavulansre.
Intrazelluläre Erreger	Rickettsia	R. spp.*	Doxycyclin
	Coxiella	C. burnetti	Doxycyclin Makrolide
	Chlamydia	C. pneumoniae	Doxycyclin Makrolide
		C. psittaci	Doxycyclin Makrolide
		C. trachomatis	Doxycyclin Makrolide
	Ehrlichia	E. spp.*	Doxycyclin
	Bartonella	B. henselae	Makrolide Doxycyclin
		B. quintana	Doxycyclin
Erreger ohne Zellwand	Mykoplasma	M. hominis	Makrolide, Doxycyclin
		M. pneumoniae	Makrolide
	Ureaplasma	U. urealyticum	Doxycyclin

* spp: Gattung bekannt, Art unbekannt

Tab. 18: Einteilung der Bakterien und erregerspezifische Antibiotika-Therapie

Aber insbesondere das Verhalten der Bakterienart in verschiedenen Kulturnährmedien führt häufig zur richtigen Diagnose des zu identifizierenden Erregers.

Das Antibiogramm ist eine weiterführende mikrobiologische Labordiagnostik im Anschluss an die Bakterienkultur. Hierbei wird die Wirksamkeit verschiedener Antibiotika auf das Bakterium ausgetestet. Hier kann gleichzeitig aber auch festgestellt werden, ob bereits Resistenzen (Unempfindlichkeiten) gegen den jeweiligen bakteriellen Erreger vorliegen.

Da die zuvor genannten Methoden recht zeitaufwendig sind, werden immer häufiger sogenannte Spezialverfahren wie z. B. die Polymerase-Kettenreaktion (PCR) eingesetzt. Dies setzt jedoch voraus, dass der krankheitsverursachende Erreger bekannt oder stark verdächtig ist. Ansonsten sind solche Spezialverfahren zu aufwendig und meist nicht bezahlbar.

Außerdem werden vielfältige immunologische Testverfahren als indirekte Bestimmung von Antikörpern oder Antigenen der zu untersuchenden Bakterienart, häufig additiv, eingesetzt. Es handelt sich hierbei oftmals um Schnellteste oder qualitative Testverfahren.

22 Mykosen

Pilze sind Mikroorganismen, die in der Umwelt weit verbreitet sind. Von den bekannten ca. 200.000 Arten sind lediglich 200 Spezies als Infektionserreger beim Menschen verantwortlich. Pilze kommen in zwei morphologischen Formen vor: Hefen und Mycel als ein Geflecht von Hyphen. Hyphen haben eine verzweigte, tubuläre Struktur, während Hefen unizelluläre Pilze sind; sie können rund bis oval vorkommen.
Alle Pilze sind auf organische Nährsubstrate angewiesen und nur mit wenigen Ausnahmen obligate Aerobier. Pilze können sich entweder durch Sporenbildung oder durch Wachstum und Verzweigung von Hyphen vermehren.

	Dermatophyten	Hefen	Schimmelpilze
Häufigkeit	70,5 %	24,4 %	5,1 %
Eigenschaften	Fadenpilze	Sprosspilze	Fadenpilze
Lokalisation	Oberfläche Pilz-infektionen (Haut, Nägel und Haare)	V. a. Schleimhäute, aber auch die Haut und innere Organe (systemische Mykose)	Innere Organe; seltener auch die Haut oder Nägel
Beispiele	Trichophyton Microsporum Epidermophyton	Candida Cryptococcus Malassezia (Brandpilze)	Aspergillus Mucor

Tab. 19: Dermatophyten-Hefen-Schimmelpilze-System (nach Rieth)

Zur Diagnostik stehen mikroskopische und kulturelle Labormethoden zur Verfügung; auch der Nachweis von spezifischen Antikörpern gegen Pilzantigene ist eine bewährte Labormethode.

Es können Pilzallergien und Pilzerkrankungen, die häufigste Pilzinfektion, vorkommen. Letzte werden Mykosen genannt und je nach lokalem Befall in kutane, subkutane und opportunistische Systemmykosen differenziert.

Unter den Mykosen ist die zahlenmäßig am häufigsten bekannte Candidose, eine Infektion mit Candida albicans nachzuweisen. Es handelt sich hierbei um eine endogene Infektion mit Hefen.

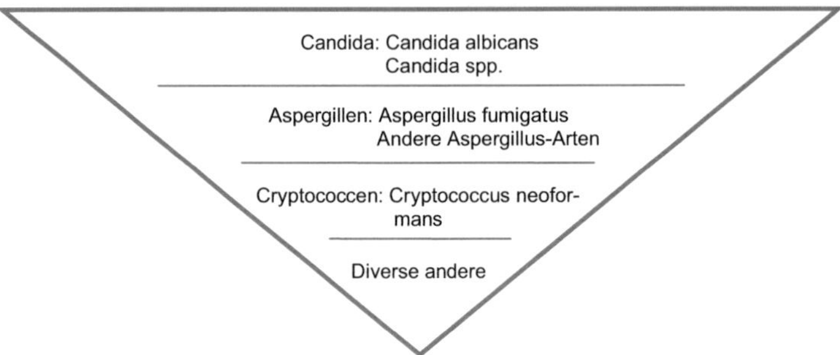

Abb. 38: Pilzerreger

Am zweithäufigsten wird die Aspergillose hauptsächlich durch Aspergillus fumigatus verursacht und dementsprechend nachgewiesen. Obwohl Aspergillus auf Laborkulturen sehr rasch wächst, ist jedoch die direkte Diagnose des Erregers im Allgemeinen nicht so leicht, da Aspergillen ubiquitär in der Natur vorkommen.

Die Cryptococcose wird durch Cryptococcus neoformans hervorgerufen; es handelt sich hierbei um bekapselte Hefen. Diese Pilze werden meistens inhaliert und gelangen in die Lunge. Von hier werden die Erreger hämatogen in andere Organe transportiert, hauptsächlich in das zentrale Nervensystem. Dies ist vor allem bei der Meningitis von Bedeutung.

Mykosen sind erregerbedingte Erkrankungen die durch unterschiedliche Pilze verursacht werden. Anhand der Lokalisation werden sie in oberflächliche Mykosen, d.h. Pilzbefall der Haut, Nägel und Schleimhäute, und systemische Mykosen, d.h. Pilzbefall von inneren Organen, eingeteilt.

Die zahlenmäßig häufigsten Erkrankungen sind Fuß- und Nagelmykosen. Man schätzt, dass bei ca. 30 % der deutschen Bevölkerung der Fußpilz (Tinea pedis) nachgewiesen werden kann.

23   Parasitosen

Parasiten sind Lebewesen, die in oder auf einem Organismus einer anderen Art leben und ihm Nahrung entziehen. Es sind dies vor allem Einzeller, Würmer und Gliederfüßler, z. B. Flöhe, Läuse, Zecken und Würmer.
In vielen Fällen wird der Befall von Parasiten vom Menschen nicht bemerkt. Erst wenn der Parasit mehr Nährstoffe benötigt als sein Wirt zur Verfügung stellt oder dieser immungeschwächt ist, treten charakteristische Krankheitssymptome auf.

Fast alle Parasiten werden mikroskopisch nachgewiesen, sofern diese zur Diagnostik zugänglich sind. In wenigen Fällen werden auch immunologische Labormethoden angewandt, insbesondere wenn der menschliche Organismus Antikörper gegen den Parasiten gebildet hat.

Zu den parasitären Einzellern (Protozoen), die mikroskopisch naweisbar sind zählen:
- Balantidium coli
- Entamoeba histolytica
- Giardia lamblia
- Pneumocystis carinii
- Trichomonas vaginalis

Manche Protozoen können nur anhand ihrer immunologischen Reaktionen (spezifische Antikörperbildung differenziert werden, z. B.:
- Plasmodium vivax, Pl. malariae, Pl. ovale, Pl. falciparum (Malariaerreger)
- Trypanosoma cruzi (Erreger der Chagas-Krankheit)
- Trypanosoma brucei gambiense, Tr. brucei rhodiense (Erreger der Schlafkrankheit)
- Leishmania tropica, L. aethiopica, L. mexicana (Erreger der Aleppobeule, kutane Leishmaniose)
- Leishmania donovani (Erreger der Kala-Azar)
- Toxoplasma gondii: Erreger der Toxoplasmose (kongenitale Infektion bei Erstinfektion der Mutter in der Schwangerschaft kann zu schweren Schäden des Neugeborenen führen).

Die parasitischen Würmer werden in
Trematoden (Saugwürmer):
- Fasciolopsis buski (großer Darmegel)
- Fasciola hepatica (großer Leberegel)
- Clonorchis sinensis (chinesischer Leberegel)
- Opisthorchis felineus (Katzenleberegel)
- Schistosomona mansoni (Erreger der Bilharziose)

Zestoden (Bandwürmer):
- Taenia saginata (Rinderbandwurm)
- Taenia solium (Schweinebandwurm)
- Diphyllobotrium latum (Fischbandwurm)
- Hymenolepsis nana (Zwergbandwurm),

und Nematoden (Rundwürmer) eingeteilt:
- Ascaris lumbricoides (Spulwurm)
- Trichuris trichiura (Peitschenwurm)
- Enterobius vermicularis (Oxiuris, Madenwurm)
- Ancylostoma duodenale (Hakenwurm)

| Entamoeba histolytica (Protozoe) | Clonorchis sinensis (Saugwurm) | Taenia saginata (Bandwurm) | typ. Ei vom Trichuris trichiura (Rundwurm) |

Abb. 39: Parasiten des Menschen

Außerdem finden sich auch Würmer im peripheren Blut oder Gewebe und können deshalb häufig nur anhand der Antikörperbildung diagnostiziert werden:
- Filarioidea (Filarien, Fadenwürmer, übertragen durch blutsaugende Insekten)
- Trichinella spiralis
- Echinokokkus granulosus (Hundebandwurm)
- Echinokokkus multilocularis (Fuchsbandwurm)
- Dracunculus medinensis (Medinabandwurm)
- Larva migrans viszeralis (Larven von eingewanderten Nematoden (Spülwürmern), die den Menschen als Fehlwirt befallen)
- Toxocara canis (Hundespulwurm)
- Anisakis spezies (Heringswurm)

Als Ektoparasiten werden solche Parasiten bezeichnet, die auf der Körperoberfläche der Menschen sporadisch oder dauerhaft siedeln. Hierzu gehören hauptsächlich Gliederfüßler. Wichtigste Vertreter dieser Klasse sind Flöhe, Läuse, Wanzen, Milben (Krätze) und Zecken (Borreliose).

Jedoch werden Parasiten vermehrt auch therapeutisch eingesetzt. Bei chronischen Darmentzündungen, Morbus Crohn oder Colitis ulcerosa zum Beispiel, können Larven des Schweinepeitschenwurmes (Trichuris suis) die Entzündungsreaktionen vermindern. Hierzu muss regelmäßig, alle paar Wochen, eine Flüssigkeit mit Eiern der Parasiten getrunken werden.

24 Molekularbiologische Analytik

Innerhalb der Diagnostik von Erbkrankheiten (Gendiagnostik) werden unterschiedliche Techniken auf DNA- und RNA-Ebene eingesetzt. Des Weiteren werden solche Nukleinsäurebestimmungen häufig in der Diagnostik von Infektionskrankheiten und für die zytogenetische Diagnostik bei Leukämien werden verwendet.

Die molekulargenetische Diagnostik ist mittlerweile fester Bestandteil der Labordiagnostik, insbesondere da sie immer besser standardisiert, automatisiert und somit routinetauglich wurde.
Grundlegendes Laborverfahren für solche Diagnostik ist die Polymerasekettenreaktion. Es ist eine der sensitivsten (empfindlichsten) Labornachweise. Kleinste Mengen der Erbsubstanz Desoxyribonukleinsäure (DNA) oder der Ribonukleinsäure (RNA) werden enzymatisch in kürzester Zeit mittels spezieller Primer exponentiell vervielfältigt.

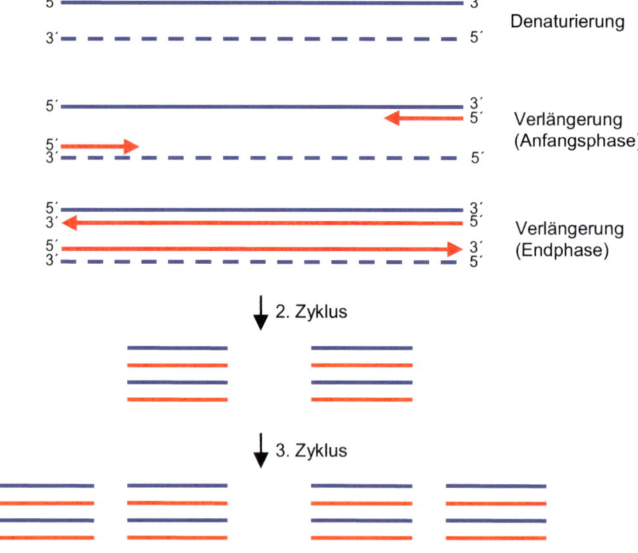

Abb. 40: Prinzip der PCR

Zur Detektion dieser vervielfältigten PCR-Produkte stehen viele Methoden zur Verfügung; bei der quantitativen PCR sind dies häufig fluoreszierende Farbstoffe.

Um die häufig geringe Spezifität dieser Detektionstechniken zu verbessern wird nach abgelaufener PCR eine Schmelzkurvenanalyse durchgeführt, denn jedes PCR-Produkt (Amplifikat) besitzt eine spezielle Schmelztemperatur.

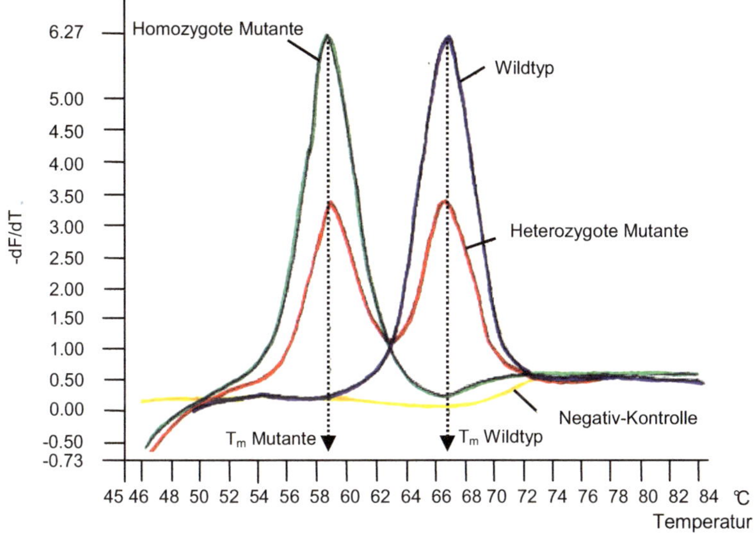

Abb. 41: Schmelzkurvenanalyse

Eine weitere sehr spezifische, aber weniger aufwendige Methode ist der Einbau von Sonden in das Amplifikat. Hierbei wird Energie von einem Fluoreszenzfarbstoff, der Donor-Sonde, auf ein in unmittelbarer Nachbarschaft befindlichen zweiten Fluoreszenzfarbstoff, der Akzeptor-Sonde, übertragen und dabei längerwelliges Licht emittiert.

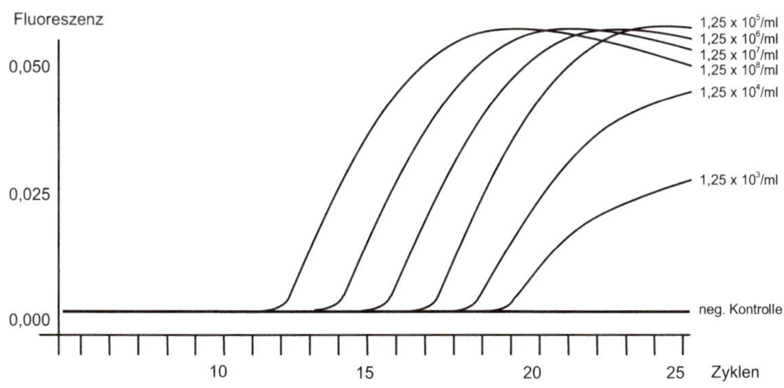

Abb. 42: Real-time-PCR mit Fluoreszenzfarbstoff-Detektion

In der Infektionsdiagnostik ist die hohe Sensitivität, ebenso wie die hohe Spezifität der PCR-Technik gegenüber vielen anderen Methoden überlegen. Hierdurch kann schneller eine treffsichere diagnostische Aussage getroffen werden. Mittels der quantitativen PCR ist auch das Therapiemonitoring möglich.

Zu beachten ist jedoch, dass genetische und pränatale Untersuchungen dem Gendiagnostik-Gesetz unterliegen und deshalb sowohl die schriftliche Einwilligung von der untersuchten Person ebenso wie eine dokumentierte Aufklärung über solche diagnostischen Tests vor Durchführung der Labordiagnostik vorliegen muss. Unabhängig von den gesetzlichen Bestimmungen sind sehr individuell auch ethisch-moralische Aspekte zu berücksichtigen.

25 Referenzwerte

25.1 Elektrolyte

Analyt	Material	Einheit	Erwachsene Normalbereich	Geschl./ Alter	Kinder Normalbereich
Calcium	Serum, Plasma	mmol/l	2,15 - 2,55	m / w	
		mmol/l	2,15 - 2,75	> 60 J	
		mmol/l		bis 1 J	2,1 - 2,7
		mmol/l		bis 1 Mon	1,8 - 2,8
Chlorid	Serum, Plasma	mmol/l	97 - 107	m / w	
		mmol/l	91 - 109	> 60 J	
		mmol/l		bis 1 J	93 - 112
		mmol/l		bis 1 Mon	95 - 116
Kalium	Serum, Plasma	mmol/l	3,5 - 5,0	m / w	
		mmol/l	3,5 - 5,4	> 60 J	
		mmol/l		bis 1 J	3,6 - 5,8
		mmol/l		bis 1 Mon	3,6 - 6,1
Magnesium	Serum, Plasma	mmol/l	0,62 - 0,95	m	
		mmol/l	0,62 - 1,05	> 60 J	
		mmol/l	0,75 - 1,10	w	
		mmol/l	0,75 - 1,10	> 60 J	
		mmol/l		bis 14 J	0,66 - 0,95
		mmol/l		bis 6 J	0,7 - 0,99
		mmol/l		bis 1 J	0,66 - 1,03
		mmol/l		bis 1 Mon	0,7 - 1,03
Natrium	Serum, Plasma	mmol/l	135 - 147	m / w	
		mmol/l	130 - 145	> 60 J	
		mmol/l		bis 1 J	129 - 143
		mmol/l		bis 1 Mon	132 - 147

25.2 Vitamine, Spurenelemente

Analyt	Material	Einheit	Erwachsene Normalbereich	Geschl./ Alter	Kinder Normalbereich
Vitamin A (Retinol)	Serum, Plasma	µmol/L	20,9 - 44,5	m > 60 J	
		µmol/L	13,3 - 38,9	w > 60 J	
		µmol/L	21,8 - 46,1	m 36 - 60 J	
		µmol/L	21,6 - 39,1	w 36 - 60 J	
		µmol/L	16,1 - 43,3	m 16 - 35 J	
		µmol/L	11,6 - 37,7	w 16 - 35 J	
		µmol/L		m $\leq$ 15 J	3,9 - 28,1
		µmol/L		w $\leq$ 15 J	6,5 - 29,4
Vitamin B$_1$ (Thiamin)	Serum	nmol/L	5 -28	m / w	
	Vollblut	nmol/L	71 -185	m / w	
Vitamin B$_2$ (Riboflavin)	Serum, Plasma	µmol/L	1,0 -1,4	m / w	
Vitamin B$_6$ (Pyridoxal-Phosphat)	Serum, Plasma	nmol/L	39 -98	m / w	

Analyt	Material	Einheit	Erwachsene Normalbereich	Geschl./ Alter	Kinder Normalbereich
Vitamin B$_{12}$ (Cobalamin)	Serum, Plasma	pmol/L	145 - 637	m / w	
		pmol/L		m 13 - 18 J	158 - 638
		pmol/L		w 13 - 18 J	134 - 605
		pmol/L		m 10 - 12 J	135 - 803
		pmol/L		w 10 - 12 J	145 - 752
		pmol/L		m 7 - 9 J	200 - 863
		pmol/L		w 7 - 9 J	182 - 866
		pmol/L		m 4 - 6 J	181 - 795
		pmol/L		w 4 - 6 J	231 -1040
		pmol/L		m 2 - 3 J	195 - 897
		pmol/L		**w** 2 - 3 J	307 - 892
		pmol/L		m < 1 J	216 - 891
		pmol/L		w < 1 J	168 -1115
Vitamin C	Serum, Plasma	µmol/L	20 - 100	m / w	
Vitamin D$_3$	Serum, Plasma	nmol/L	25 - 110	m / w	
Vitamin E (α-Toco-pherol)	Plasma	µmol/L	19 - 38	m > 60 J	
		µmol/L	16 - 36	w > 60 J	
		µmol/L	16 - 36	m 36 - 60 J	
		µmol/L	16 - 34	w 36 - 60 J	
		µmol/L	9,3 - 31	m 16 - 35 J	
		µmol/L	12 - 27	w 16 - 35 J	
		µmol/L		m < 15 J	12 - 26
		µmol/L		w < 15 J	9,3 - 28
Vitamin K	Serum, Plasma nüchtern	nmol/L	0,38 - 1,51	m / w	
Zink	Plasma	µmol/L	7 - 23	m / w	
	Serum, Plasma	µmol/L		m 14 - 19 J	10 - 18
		µmol/L		w 14 - 19 J	9 - 15
		µmol/L		m 10 - 13 J	12 - 15
		µmol/L		w 10 - 13 J	12 - 18
		µmol/L		6 - 9 J	12 - 16
		µmol/L		1 - 5 J	10 - 18
		µmol/L		4 - 12 Mon.	10 - 20
		µmol/L		< 4 Mon.	10 - 21
		µmol/L		< 4 Mon.	10 - 21

25.3 Kalzium und Knochenstoffwechsel

Analyt	Material	Einheit	Erwachsene Normalbereich	Geschl./ Alter	Kinder Normalbreich
Alkal. Phos-phatase	Plasma	U/l	40 - 129	m < 60 J	
		U/l	< 119	m > 60 J	
		U/l	35 - 104	w < 60 J	
		U/l	< 141	w > 60 J	
		U/l	< 400 U/l	bei Gravidität	
		U/l		bis 17 J m	< 390
		U/l		bis 17 J w	< 187
		U/l		bis 12 J	< 300
		U/l		bis 6 J	< 269
		U/l		bis 3 J	< 281
		U/l		bis 1 J	< 462
		U/l		bis 6 Mon	< 449
		U/l		bis 5 Tg	< 231
		U/l		bis 1 Tg	< 250
Anorg. Phosphat	Urin	mg/dl	2,0 - 30,0	m / w	2,0 - 30,0
	U24*	mg/24h	0,5 - 1,5	m / w	0,5 - 1,5
Calcium	Serum, Plasma	mmol/l	2,15 - 2,55	m / w	
		mmol/l	2,15 - 2,75	> 60 J	
		mmol/l		bis 1 J	2,1 - 2,7
		mmol/l		bis 1 Mon	1,8 - 2,8
Calcitonin	Serum, Plasma	pmol/l	<28	m / w	
Hydroxy-prolin	U24*	µmol/d x m^{2}KO**	37 - 190	m / w	
Parat-hormon	Serum, Plasma	pmol/l		m 15 - 16 J	0,47 - 3,8
		pmol/l		w 15 - 16 J	0,13 - 4,1
		pmol/l		m 13 - 14 J	0,15 - 2,7
		pmol/l		w 13 - 14 J	0,17 - 3,9
		pmol/l		m 11 - 12 J	0,26 - 2,6
		pmol/l		w 11 - 12 J	0,45 - 3,6
		pmol/l		m 9 - 10 J	0,48 - 3,6
		pmol/l		w 9 - 10 J	0,21 - 3,2
		pmol/l		m 7 - 8 J	0,26 - 2,8
		pmol/l		w 7 - 8 J	0,28 - 2,6
		pmol/l		m 5 - 6 J	0,46 - 1,7
		pmol/l		w 5 - 6 J	0,10 - 1,4
		pmol/l		m 2 - 4 J	0,60 - 3,6
		pmol/l		w 2 - 4 J	0,38 - 3,4

* U24 = 24h-Sammelurin   ** KO = Körperoberfläche

25.4 Proteine

Analyt	Material	Einheit	Erwachsene Normalbereich	Geschl./ Alter	Kinder Normalbereich
CRP	Plasma	mg/dl	< 0,5	m / w	< 0,5
Interleukin 6	Plasma	pg/ml	< 50	m / w	< 50
Procalcito-nin	Plasma	µg/l	< 0,5	m / w	
Gesamt - Eiweiß	Plasma	g/dl	6,6 - 8,7	m / w	
		g/dl		bis 14 J	6,0 - 8,0
		g/dl		bis 1 J	4,8 - 7,6
		g/dl		bis 1 Mon	4,6 - 6,8
		g/dl		bis 1 Tg	3,4 - 5,0
Eiweiß-Elektrophorese					
Albumin	Serum	%	58 - 70	m / w	
a1-Globulin	Serum	%	1,4 - 4,5	m / w	
a2-Globulin	Serum	%	7,0 - 11,0	m / w	
b-Globulin	Serum	%	8,0 - 13,0	m / w	
γ-Globulin	Serum	%	9,0 - 18,0	m / w	
Eiweiß im Urin	Urin	mg/dl	20 - 50	m / w	20 - 50
Albumin im Urin	Urin	mg/l	< 20	m / w	

25.5 Immunsystem

Analyt	Material	Einheit	Erwachsene Normalbreich	Geschl./ Alter	Kinder Normalbereich
Albumin	Serum, Plasma	g/l	32 - 55	m / w	
		g/l	35 - 47,5	> 60 J	
		g/l		bis 1 Mon	38 - 42
Immunglo-bulin IgG	Serum, Plasma	g/l	7 - 16	m / w	
		g/l		bis 14 J	7 - 14
		g/l		bis 7 J	6 - 13
		g/l		bis 3 J	4 - 12
		g/l		bis 1 J	3 - 10
		g/l		bis 3 Mon	2,5 - 7,5
		g/l		bis 1 Wo	7 - 16
Immunglo-bulin IgA	Serum, Plasma	g/l	0,7 - 4,0	m / w	
		g/l		bis 14 J	0,4 - 3,95
		g/l		bis 3 J	0,2 - 2,2
		g/l		bis 1 J	0,2 - 1,31
Immunglo-bulin IgM	Serum, Plasma	g/l	0,1 - 2,3	m / w	
		g/l		bis 14 J	0,4 - 1,5
		g/l		bis 3 J	0,5 - 1,6
		g/l		bis 1 J	0,3 - 1,0
Transferrin	Serum, Plasma	g/l	2,0 - 3,6	m / w	
		g/l		bis 14 J	2,4 - 3,6
		g/l		bis 1 J	2,0 - 3,6
		g/l		bis 2 Wo	1,3 - 3,6

Analyt	Material	Einheit	Erwachsene Normalbereich	Geschl./ Alter	Kinder Normalbereich
Transferrin-sättigung	Serum, Plasma	%		14 -19 J	6,0 - 33,0
		%		m 10 -14 J	2,0 - 40,0
		%		w 10 -14 J	11,0 - 36,0
		%		6 - 9 J	17,0 - 42,0
		%		1 - 5 J	7,0 - 44,0
		%		N bis 5 Tage	29,4 - 46,0
Ferritin	Serum	µg/l	20 - 300	m	
		µg/l	10 - 160	w	
		µg/l	20 - 400	> 50 J	
		µg/l		bis 10 J	15 - 250
		µg/l		bis 1 J	11 - 120
		µg/l		bis 9 Mon	14 - 150
		µg/l		bis 6 Mon	19 - 175
		µg/l		bis 4 Mon	37 - 250
		µg/l		bis 2 Mon	87 - 500
		µg/l		N bis 1 Mon	144 - 450
		µg/l		N bis 2 Wo	90 - 628
Autoimmun-Diagnostik:					
ANA *(Antinukleäre AK)*	Serum	Titer	< 1 : 100	m / w	
AMA *(Antimitochondriale AK)*	Serum	Titer	< 1 : 100	m / w	
ds-DNS*	Serum	Titer	< 1 : 10	m / w	
ENA:**					
Jo - 1	Serum		nicht nachweisbar	m / w	
Ro - (SSA)	Serum		nicht nachweisbar	m / w	
La - (SSB)	Serum		nicht nachweisbar	m / w	
RNP	Serum		nicht nachweisbar	m / w	
Sm	Serum		nicht nachweisbar	m / w	
Scl 70	Serum		nicht nachweisbar	m / w	
c - ANCA	Serum		nicht nachweisbar	m / w	
p - ANCA	Serum		nicht nachweisbar	m / w	

* dsDNS = doppelsträngige Desoxyribonukleinsäure   ** ENA = extrahierbare antinukleäre Antikörper

25.6 Fette, Lipide

Analyt	Material	Einheit	Erwachsene Normalbereich	Geschl./ Alter	Kinder Normalbereich
Cholesterin	Plasma	mg/dl	50 - 220	m	
		mg/dl	< 200	w	
		mg/dl		bis 18 J	< 192
		mg/dl		bis 1 J	62 - 189
		mg/dl		bis 1 Mon	50 - 170
HDL - Cholesterin	Plasma	mg/dl	27,1 - 76,9	m	
		mg/dl	34,0 - 86,2	w	
LDL - Cholesterin	Plasma	mg/dl	< 155	m / w	
		mg/dl		bis 20 J	< 130
		mg/dl		bis 18 J	< 122
Triglyzeride	Plasma	mg/dl	< 200	m / w	
		mg/dl		bis 20 J	< 140
		mg/dl		bis 18 J	< 149

25.7 Kohlenhydrate, Glucose

Analyt	Material	Einheit	Erwachsene Normalbereich	Geschl./ Alter	Kinder Normalbereich
Serum-Glucose	Plasma	mg/dl	47 - 115	m / w	
		mg/dl		bis 6 J	50 - 100
		mg/dl		bis 1 Mon	40 - 76
		mg/dl		bis 3 Tg	12,0 - 64
		mg/dl		bis 2 Tg	10,0 - 62
Kap. Blutzucker	Cgluc	mg/dl	55 - 115	m / w	
		mg/dl		bis 3 Tg	46 - 81
HbA1c	Cgluc, Bedta	%		bis 16 J	4,5 - 6,5
		%	4,4 - 5,7	m / w	
		mmol/ mol	20 - 42	m / w	

25.8 Leberfunktion, Hepatitisserologie

Analyt	Material	Einheit	Erwachsene Normalbereich	Geschl./ Alter	Kinder Normalbereich
Alkal. Phos-phatase	Plasma	U/l	40 - 129	m < 60 J	
		U/l	< 119	m > 60 J	
		U/l	35 - 104	w < 60 J	
		U/l	< 141	w > 60 J	
		U/l	< 400 U/l	bei Gravidität	
		U/l		bis 17 J m	< 390
		U/l		bis 17 J w	< 187
		U/l		bis 12 J	< 300
		U/l		bis 6 J	< 269
		U/l		bis 3 J	< 281
		U/l		bis 1 J	< 462
		U/l		bis 6 Mon	< 449
		U/l		bis 5 Tg	< 231
		U/l		bis 1 Tg	< 250

Analyt	Material	Einheit	Erwachsene Normalbereich	Geschl./ Alter	Kinder Normalbereich
Ammoniak	Bedta	µmol/l	15,0 - 55,0	m	
		µmol/l	11,0 - 48,0	w	
		µmol/l		m bis 18 J	15,0 - 32,0
		µmol/l		w bis 18 J	11,0 - 28,0
		µmol/l		bis 1 Wo	< 134
		µmol/l		bis 1 Tg	< 144
Bilirubin, gesamt	Plasma	mg/dl	0,16 - 1,40	m	
		mg/dl	0,14 - 0,92	w	
		mg/dl	< 1,43	> 60 J	
		mg/dl		bis 14 J	< 1,5
		mg/dl		bis 1 J	< 1,5
		mg/dl		bis 5 Tg	< 13,5
		mg/dl		bis 2 Tg	< 9,0
		mg/dl		bis 1 Tg	< 5,0
Bilirubin, direkt	Plasma	mg/dl	< 0,2	m / w	< 0,2
Cholin-esterase	Plasma	U/l	5.320 - 12.990	m, w > 40 J	
		U/l	4.260 - 11.250	w < 40 J nicht schwanger	
		U/l	3.560 - 9.120	w < 40 J schwanger oder bei Einnahme oraler Kon-trazeptiva	
Gamma -GT	Plasma	U/l	< 60	m	
		U/l	< 40	w	
		U/l		m bis 16 J	< 51
		U/l		w bis 17 J	< 38
		U/l		bis 12 J	< 19
		U/l		bis 6 J	< 26
		U/l		bis 3 J	< 20
		U/l		bis 1 J	< 39
		U/l		bis 6 Mon	< 231
		U/l		bis 6 Tg	< 210
		U/l		bis 3 Tg	< 171
GOT (AST)	Plasma	U/l	10 - 50	m	
		U/l	10 - 35	w	
		U/l		m/w bis 16J	10 - 35
		U/l		bis 12 J	10 - 40
		U/l		bis 6 J	10 - 45
		U/l		bis 3 J	10 - 50
		U/l		bis 1 J	10 - 50
GPT (ALT)	Plasma	U/l	10 - 50	m	
		U/l	10 - 35	w	
		U/l		bis 18 J	5 - 30
		U/l		bis 9 J	5 - 25
		U/l		bis 3 J	5 - 30
		U/l		bis 1 J	4 - 35

Analyt	Material	Einheit	Erwachsene Normalbereich	Geschl./ Alter	Kinder Normalbereich
HAV	Serum, Plasma	U/l	nicht nachweis-bar	m / w	
HAV - IgM	Serum, Plasma	U/l	nicht nachweis-bar	m / w	
HBsAg	Serum	U/l	nicht nachweis-bar	m / w	
Anti HBc	Serum	U/l	nicht nachweis-bar	m / w	
Anti HBs	Serum	U/l	< 10	m / w	
HCV	Plasma	U/l	nicht nachweis-bar	m / w	
HIV 1+2	Plasma	U/l	nicht nachweis-bar	m / w	

25.9   Nierenfunktion, Urinuntersuchungen

Analyt	Material	Einheit	Erwachsene Normalbereich	Geschl./ Alter	Kinder Normalbereich
Creatinin	Plasma	mg/dl	< 1,13	m < 50 J	
		mg/dl	< 1,24	m > 50 J	
		mg/dl	< 0,90	w < 50 J	
		mg/dl	< 1,20	w > 50 J	
		mg/dl		bis 17 J	0,26 - 1,20
		mg/dl		bis 13 J	0,31 - 1,00
		mg/dl		bis 6 J	0,28 - 0,72
		mg/dl		bis 1 Mon	0,14 - 0,54
		mg/dl		bis 1 Wo	0,16 - 0,97
		mg/dl		bis 1 Tg	0,42 - 1,28
Harnstoff	Plasma	mg/dl	16,6 - 48,5	m / w	
		mg/dl		bis 6 J	26 - 41
		mg/dl		bis 1 J	22 - 44
		mg/dl		bis 5 Mon	20 - 36
		mg/dl		bis 1 Wo	15 - 37
Harnsäure	Plasma	mg/dl	3,85 - 7,61	m	
		mg/dl	< 8,5	> 60 J	
		mg/dl	2,6 - 6,06	w	
		mg/dl	< 7,5	> 60 J	
		mg/dl		bis 14 J	1,87 - 5,93
		mg/dl		bis 1 J	1,14 - 5,8
		mg/dl		bis 1 Mon	0,64 - 5,48
Urin - Status (Stix):					
pH	Urin		4,0 - 8,0	m / w	
Leukozyten			negativ	m / w	
Nitrit			negativ	m / w	
Eiweiß		mg/dl	< 10	m / w	
Glucose		mg/dl	< 10	m / w	
Keton		mg/dl	< 5	m / w	
Urobilinogen			negativ	m / w	
Bilirubin		mg/dl	< 0,2	m / w	
Blut		/µl	< 5	m / w	
Hämoglobin			negativ	m / w	

Analyt	Material	Einheit	Erwachsene Normalbereich	Geschl./ Alter	Kinder Normalbereich
Automatensediment:					
Erythrozyten	Urin	/µl	0 - 15	m / w	
Leukozyten		/µl	0 - 15	m / w	
Bakterien		/µl	0 - 30	m / w	
Epithelien		/µl	0 - 7	m / w	
Rundepithe-lien		/µl	< 10	m / w	
Kristalle		/µl	0 - 20	m / w	
Zylinder		/µl	0 - 2,5	m / w	
path. Zylinder		/µl	0 - 0,5	m / w	
Hefen		/µl	0 - 1	m / w	
Spermien		/µl	0 - 1	m / w	
Urin – Sediment:					
Leukozyten	Urin		0-5/ Gesichtsf.	m / w	
Erythrozyten			0-5/ Gesichtsf.	m / w	
Epithelien			0-15/ Gesichtsf.	m / w	
Bakterien			0/ Gesichtsf.	m / w	
Leuko-zählung	Urin	/µl	< 10	m / w	
Amylase	Urin	U/l	< 350	m / w	
Anorg. Phosphat	Urin	mg/dl	2,0 - 30,0	m / w	
Anorg. Phosphat	U24*	mg/24h	0,5 - 1,5	m / w	
Creatinin	Urin	mg/dl	30,0 - 200,0	m / w	
Creatinin	U24*	mg/24h	1000 - 1600	m / w	
Ges. Eiweiß	U24*	mg/24h	40 - 150	m / w	
Glucose	Urin	mg/dl	< 15	m / w	
Glucose	U24*	mg/24h	20 - 90	m / w	
Natrium	U24*	nmol/24h	130 - 260	m / w	
Kalium	U24*	nmol/24h	25 - 100	m / w	
Chlorid	U24*	nmol/24h	140 - 280	m / w	
Mikroalbu-min	Urin	mg/l	< 20	m / w	
Schwanger-schaftstest (Nachweis-grenze: 25 U/l)	Urin	U/l	negativ	w	

* 24h-Sammelurin

25.10   Herzdiagnostik

Analyt	Material	Einheit	Erwachsene Normalbereich	Geschl./ Alter	Kinder Normalbereich
CK	Plasma	U/l	< 190	m	
		U/l	< 170	w	
		U/l		m bis 17 J	< 270
		U/l		w bis 17 J	< 123
		U/l		m bis 12 J	< 274
		U/l		w bis 12 J	< 154
		U/l		bis 6 J	< 149
		U/l		bis 3 J	< 228
		U/l		bis 1 J	< 203
		U/l		bis 6 Mon	< 295
		U/l		bis 5 Tg	< 652
		U/l		bis 1 Tg	< 712
CK – MB	Plasma	U/l	< 24	m / w	
LDH	Plasma	U/l	< 248	m / w	
		U/l		m bis 16 J	< 290
		U/l		w bis 16 J	< 275
		U/l		bis 12 J	< 300
		U/l		bis 6 J	< 345
		U/l		bis 3 J	< 395
		U/l		bis 1 J	< 420
		U/l		bis 6 Mon	< 600
		U/l		bis 5 Tg	< 600
		U/l		bis 1 Tg	< 600
NT-proBNP	Serum, Plasma	pmol/l	< 57,3	m > 75 J	
		pmol/l	< 87,1	w > 75 J	
		pmol/l	< 28,4	m 65 - 74 J	
		pmol/l	< 33,6	w 65 - 74 J	
		pmol/l	< 19 0	m 55 - 64 J	
		pmol/l	< 29,1	w 55 - 64 J	
		pmol/l	< 9,9	m 45 - 54 J	
		pmol/l	< 19,9	w 45 - 54 J	
		pmol/l	< 7,4	M < 45 J	
		pmol/l	< 13,7	w < 45 J	
		pmol/l		m 1 - 16 J	< 7,3
		pmol/l		w 1 - 16 J	< 9,8
Myoglobin	Serum, Plasma	µg/l	23 - 72	m	
		µg/l	19 - 51	w	
Troponin T	Serum, Plasma	µg/l	< 0,03		
		µg/l		Neugeborene	< 0,097
		µg/l		0 - 7 Tg	< 0,35
		µg/l		8 - 30 Tg	< 0,20
		µg/l		31 - 120 Tg	< 0,1
		µg/l		121 Tg - 1 J	< 0,03
Troponin I	Serum, Plasma	µg/l	0,16	Erwachsene 22 - 65 J	
		µg/l		Neugeborene	0,18

25.11 Enzyme

Analyt	Material	Einheit	Erwachsene Normalbereich	Geschl./ Alter	Kinder Normalbereich
Alkal. Phos-phatase	Plasma	U/l	40 - 129	m < 60 J	
		U/l	< 119	m > 60 J	
		U/l	35 - 104	w < 60 J	
		U/l	< 141	w > 60 J	
		U/l	< 400 U/l	bei Gravidität	
		U/l		bis 17 J m	< 390
		U/l		bis 17 J w	< 187
		U/l		bis 12 J	< 300
		U/l		bis 6 J	< 269
		U/l		bis 3 J	< 281
		U/l		bis 1 J	< 462
		U/l		bis 6 Mon	< 449
		U/l		bis 5 Tg	< 231
		U/l		bis 1 Tg	< 250
Cholin-esterase	Plasma	U/l	5.320 - 12.990	m, w > 40 J	
		U/l	4.260 - 11.250	w < 40 J nicht schwanger	
		U/l	3.560 - 9.120	w < 40 J schwanger oder bei Einnahme oraler Kon-trazeptiva	
CK	Plasma	U/l	< 190	m	
		U/l	< 170	w	
		U/l		m bis 17 J	< 270
		U/l		w bis 17 J	< 123
		U/l		m bis 12 J	< 274
		U/l		w bis 12 J	< 154
		U/l		bis 6 J	< 149
		U/l		bis 3 J	< 228
		U/l		bis 1 J	< 203
		U/l		bis 6 Mon	< 295
		U/l		bis 5 Tg	< 652
		U/l		bis 1 Tg	< 712
CK – MB	Plasma	U/l	< 24	m / w	
GOT (AST)	Plasma	U/l	10 - 50	m	
		U/l	10 - 35	w	
		U/l		m/w bis 16 J	10 - 35
		U/l		bis 12 J	10 - 40
		U/l		bis 6 J	10 - 45
		U/l		bis 3 J	10 - 50
		U/l		bis 1 J	10 - 50

Analyt	Material	Einheit	Erwachsene Normalbereich	Geschl./ Alter	Kinder Normalbereich
Gamma-GT	Plasma	U/l	< 60	m	
		U/l	< 40	w	
		U/l		m bis 16 J	< 51
		U/l		w bis 17 J	< 38
		U/l		bis 12 J	< 19
		U/l		bis 6 J	< 26
		U/l		bis 3 J	< 20
		U/l		bis 1 J	< 39
		U/l		bis 6 Mon	< 231
		U/l		bis 6 Tg	< 210
		U/l		bis 3 Tg	< 171
GPT (ALT)	Plasma	U/l	10 - 50	m	
		U/l	10 - 35	w	
		U/l		bis 18 J	5 - 30
		U/l		bis 9 J	5 - 25
		U/l		bis 3 J	5 - 30
		U/l		bis 1 J	4 - 35
LDH	Plasma	U/l	< 248	m / w	
		U/l		m bis 16 J	< 290
		U/l		w bis 16 J	< 275
		U/l		bis 12 J	< 300
		U/l		bis 6 J	< 345
		U/l		bis 3 J	< 395
		U/l		bis 1 J	< 420
		U/l		bis 6 Mon	< 600
		U/l		bis 5 Tg	< 600
		U/l		bis 1 Tg	< 600
Lipase	Plasma	U/l	13 - 60	m / w	

25.12 Blutbild und Hämatologie

Analyt	Material	Einheit	Erwachsene Normalbreich	Geschl./ Alter	Kinder Normalbereich
Erythrozyten (rote Blut- körperchen)	Bedta*	Mio/µl	4,5 - 5,9	m	
		Mio/µl	4,1 - 5,1	w	
		Mio/µl		bis 14 J	3,5 - 5,2
		Mio/µl		bis 1 J	3,2 - 4,8
		Mio/µl		bis 1 Mon	3,5 - 5,2
		Mio/µl		bis 2 Wo	4,0 - 6,0
		Mio/µl		bis 4 Tg	4,3 - 6,3
Leukozyten (weiße Blut- körperchen)	Bedta*	Tsd/µl	4,4 - 11,3	m / w	
		Tsd/µl		bis 13 J	4,5 - 13,5
		Tsd/µl		m / w bis 7 J	5,5 - 15,0
		Tsd/µl		m / w bis 3 J	6,0 - 17,5
		Tsd/µl		bis 2 Wo	5,0 - 20,0
		Tsd/µl		bis 1 Tg	9,0 - 34,0

Analyt	Material	Einheit	Erwachsene Normalbreich	Geschl./ Alter	Kinder Normalbereich
Hb Hämo-globin (Blutfarb-stoff)	Bedta*	g/dl	14,0 - 17,5	m	
		g/dl	12,3 - 15,3	w	
		g/dl		bis 14 J	11,0 - 14,4
		g/dl		bis 3 Mon	10,5 - 12,6
		g/dl		bis 1 Mon	12,6 - 17,2
		g/dl		bis 2 Wo	15,5 - 19,6
		g/dl		bis 4 Tg	16,2 - 21,2
		g/dl		bis 3 Tg	14,5 - 23,4
Hkt Hämato-krit (Volumen anteil der Ery am Gesamtblut)	Bedta*	%	40 - 52	m	
		%	35 - 47	w	
		%		bis 14 J	31 - 40
		%		bis 3 Mon	30 - 38
		%		bis 1 Mon	38 - 51
		%		bis 2 Wo	47 - 63
		%		bis 4 Tg	52 - 68
MCV (mittleres Korpus-kuläres Volumen)	Bedta*	fl	80 - 100	m / w	
		fl		bis 14 J	78 - 96
		fl		bis 1 J	80 - 106
		fl		bis 1 Mon	90 - 116
		fl		bis 2 Wo	92 - 126
		fl		bis 4 Tg	98 - 123
MCH (mittlerer Hämoglobin-gehalt des Einzel-erythrozyten)	Bedta*	pg	27,0 - 34,0	m / w	
		pg		bis 14 J	28,0 - 34,0
		pg		bis 1 J	30,0 - 36,0
		pg		bis 1 Mon	32,0 - 40,0
		pg		bis 2 Wo	33,0 - 39,0
		pg		bis 4 Tg	34,0 - 40,0
MCHC (mittlere kor-puskuläre Hämo-Globin-konzen-tration)	Bedta*	g/dl	32,0 - 36,0	m / w	
		g/dl		bis 14 J	32,2 - 36,2
		g/dl		bis 1 J	30,9 - 36,7
		g/dl		bis 1 Mon	31,2 - 35,8
		g/dl		bis 2 Wo	30,0 - 34,2
		g/dl		bis 4 Tg	30,1 - 33,8
Thrombo-zyten (Blut-plättchen)	Bedta	Tsd/µl	139 - 335	m > 70 J	
		Tsd/µl	150 - 362	m 61 - 70 J	
		Tsd/µl	136 - 380	m 51 - 60 J	
		Tsd/µl	139 - 403	m 41 - 50 J	
		Tsd/µl	132 - 356	m 31 - 40 J	
		Tsd/µl	140 - 336	m 21 - 30 J	
		Tsd/µl	154 - 386	m 16 - 20 J	
		Tsd/µl	149 - 409	w > 70 J	
		Tsd/µl	152 - 396	w 61 - 70 J	
		Tsd/µl	177 - 393	w 51 - 60 J	
		Tsd/µl	149 - 409	w 41 - 50 J	
		Tsd/µl	170 - 394	w 31 - 40 J	
		Tsd/µl	154 - 386	w 21 - 30 J	
		Tsd/µl	140 - 392	w 16 - 20 J	
		Tsd/µl		bis 14 J	150 - 390
		Tsd/µl		bis 1 Mon	100 - 250

Analyt	Material	Einheit	Erwachsene Normalbreich	Geschl./ Alter	Kinder Normalbereich
Großes Blutbild (Automatendifferenzierung):					
Lymphozyten	Bedta*	%	25 - 40	m / w	
		%		bis 12 J	25 - 50
		%		bis 1 Mon	20 - 70
Neutrozyten	Bedta*	%	42 - 75	m / w	
		%		bis 12 J	25 - 60
		%		bis 1 Mon	17 - 60
Eosinophile	Bedta*	%	0 - 6	m / w	
		%		bis 1 J.	1 - 5
Basophile	Bedta*	%	0 - 1	m / w	
		%		bis 1 J	0 - 1
Monozyten	Bedta*	%	2 - 8	m / w	
		%		bis 12 J	1 - 6
		%		bis 1 Mon	1 - 11
Retikulozyten	Bedta*	‰	5 - 20	m / w	
		‰		bis 14 J	5 - 15
		‰		bis 3 Mon	3 - 36
		‰		bis 1 Mon	2 - 20
		‰		bis 2 Wo	2 - 12
		‰		bis 4 Tg	10 - 30
Retikulozytenproduktionsindex (RPI)			0 - 2	Hyporegenerative Erythropoese	
			2 - 3	Normale Erythropoese	
			3 - 5	Hyperregenerative Erythropoese	
Differentialblutbild (mikroskopisch):					
Segmentkernige	Bedta*	%	50 - 70	m / w	
		%		bis 12 J	25 - 60
		%		bis 1 J	17 - 60
Stabkernige	Bedta*	%	3 - 5	m / w	
		%		bis 12 J	3 - 6
		%		bis 10 Mon	0 - 6
		%		bis 1 Tg	0 - 12
Lymphozyten	Bedta*	%	25 - 40	m / w	
		%		bis 12 J	25 - 60
		%		bis 1 J	20 - 70
Eosinophile	Bedta*	%	0 - 6	m / w	
		%		bis 1 J	1 - 5
Basophile	Bedta*	%	0 - 1	m / w	0 - 1
		%		bis 1 J	0 - 1
Monozyten	Bedta*	%	2 - 9	m / w	
		%		bis 1 J	1 - 11

* Bedta = Blut [EDTA]

25.13 Porphyrinstoffwechsel

Analyt	Material	Einheit	Erwachsene Normalbereich	Geschl./ Alter	Kinder Normalbereich
δ -Amino-lävulinsäure	U24*	µmol/d	< 49	m / w	
Porphyrine:					
Gesamt-porphyrine	U24*	nmol/d	< 120	m / w	
Uroporphy-rin	U24*	nmol/d	< 29	m / w	
Heptacar-boxy-porphyrin	U24*	nmol/d	< 4	m / w	
Hexacarbo-xyporphyrin	U24*	nmol/d	< 3	m / w	
Pentacarbo-xyporphyrin	U24*	nmol/d	< 6	m / w	
Copro-porphyrin	U24*	nmol/d	21 - 119	m / w	
Tricarboxy-porphyrin	U24*	nmol/d	< 2	m / w	
Dicarboxy-porphyrin	U24*	nmol/d	< 1	m / w	

* 24h-Sammelurin

25.14 Hormone, Schilddrüse

Analyt	Material	Einheit	Erwachsene Normalbereich	Geschl./ Alter	Kinder Normalbereich
ß - HCG	Serum, Plasma	U/l	< 2,6	m	
		U/l	< 8,3	w nicht schwanger	
		U/l	9,5 - 750	SSW* 4	
		U/l	217 - 7.138	SSW* 5	
		U/l	158 - 31.795	SSW* 6	
		U/l	3.697 - 163.563	SSW* 7	
		U/l	32.065 - 149.571	SSW* 8	
		U/l	63.803 - 151.410	SSW* 9	
		U/l	46.509 - 186.977	SSW* 10	
		U/l	27.832 - 210.612	SSW* 12	
		U/l	13.950 - 62.530	SSW* 14	
		U/l	12.039 - 70.971	SSW* 15	
		U/l	9.040 - 56.451	SSW* 16	
		U/l	8.175 - 55.868	SSW* 17	
		U/l	8.099 - 58.176	SSW* 18	

* SSW = Schwangerschaftswoche

Analyt	Material	Einheit	Erwachsene Normalbereich	Geschl./ Alter	Kinder Normalbereich
TSH	Serum	mU/l	0,27 - 4,2	m/w	
		mU/l		m/w bis 20 J	0,4 - 6,0
		mU/l		m/w bis 6 J	0,55 - 4,1
		mU/l		m/w bis 1 J	0,55 - 6,7
		mU/l		m bis 1 Mon	0,5 - 16,0
		mU/l		w bis 1 Mon	0,7 - 13,1
		mU/l		m/w bis 6 Tg	2,5 - 13,3
		mU/l		m/w bis 3 Tg	15 - 20
fT3	Serum	pg/ml	2,5 - 4,3	m/w	
		pg/ml		bis 20 J	2,9 - 6,1
		pg/ml		bis 15 J	3,3 - 8,9
		pg/ml		bis 12 J	2,9 - 10,0
		pg/ml		bis 6 J	2,7 - 10,0
		pg/ml		bis 1 J	2,5 - 9,0
		pg/ml		m/w bis 1 Mon	2,7 - 10,0
		pg/ml		m/w bis 3 Tg	2,4 - 10,4
fT4	Serum	ng/dl	0,93 - 1,7	m/w	
		ng/dl		m bis 20 J	0,94 - 2,0
		ng/dl		m bis 15 J	0,88 - 2,1
		ng/dl		w bis 15 J	0,78 - 2,1
		ng/dl		m/w bis 12 J	0,88 - 1,76
		ng/dl		m/w bis 1 J	0,78 - 2,03
		ng/dl		m/w bis 1Mon	0,47 - 2,34
		ng/dl		m/w bis 3 Tg	0,78 - 2,81
Testosteron	Serum	ng/ml	2,8 - 8,0	m	
		ng/ml	0,06 - 0,82	w	
		ng/ml		bis 18 J	0,28 - 11,1
		ng/ml		bis 12 J	0,03 - 0,68
		ng/ml		bis 6 J	0,03 - 0,32
		ng/ml		bis 1 J	0,12 - 0,21
SHBG*	Serum	nmol/l	14,5 - 48,4	m	
		nmol/l	26,1 - 110	w	
freier Andro- genindex	Serum	%	33,9 - 100	m	
		%	0,51 - 6,53	w	

* SHBG = Sexualhormon bindendes Globulin

25.15 Tumormarker

Analyt	Material	Einheit	Erwachsene Normalbereich	Geschl./ Alter	Kinder Normalbereich
CA 125	Serum	U/ml	< 35,0	m / w	< 35,0
CA 15-3	Serum	U/ml	< 25,0	m / w	< 25,0
CA 19-9	Serum	U/ml	< 27,0	m / w	< 27,0
CEA (Nicht-raucher)	Serum	µg/l	< 3,4	m / w	< 3,4
CEA (Raucher)	Serum	µg/l	< 10,0	m / w	< 10,0
NSE	Serum	µg/l = ng/ml	< 13,0	m / w	< 13,0
PSA	Serum	µg/l	< 4,0	m	
		µg/l	< 6,0	> 70 J	
PSA frei	Serum	µg/l	< 0,4	m	
PSA frei / PSA total	Serum	Quo-tient	< 0,15 = PCa*	m	
		Quo-tient	> 0,15 = BPH**	m	
AFP	Serum	U/ml	< 11,3	m / w	
		U/ml	< 25,6	SSW*** 15	
		U/ml	< 30,0	SSW*** 16	
		U/ml	< 33,5	SSW*** 17	
		U/ml	< 40,1	SSW*** 18	
		U/ml	< 45,5	SSW*** 19	
		U/ml	< 58,7	SSW*** 20	
		U/ml		m bis 12 J	< 3,1
		U/ml		m bis 6 J	< 2,6
		U/ml		m bis 3 J	< 6,6
		U/ml		m bis 12 Mon	< 23
		U/ml		m bis 1 Mon	< 13.612
		U/ml		m / w < 3 T	< 58.100
		U/ml		w bis 1 Mon	< 15.521
		U/ml		w bis 12 Mon	< 64
		U/ml		w bis 3 J	< 9,1
		U/ml		w bis 6 J	< 3,5
		U/ml		w bis 12 J	< 4,6
AFP	Frucht-wasser	U/ml	< 16,2	SSW*** 15	
		U/ml	< 13,2	SSW*** 16	
		U/ml	< 10,7	SSW*** 17	
		U/ml	< 8,81	SSW*** 18	
		U/ml	< 7,19	SSW*** 19	
		U/ml	< 5,86	SSW*** 20	

* PCa = Prostata Carcinom

** BPH = benigne (gutartige) Prostatahyperplasie

*** SSW = Schwangerschaftswoche

25.16 Therapeutisches Drugmonitoring, Medikamente

Analyt	Material	Einheit	Erwachsene Normalbereich	Geschl./ Alter	Kinder Normalbereich
Digitoxin	Plasma	ng/ml	10,0 - 30,0	m / w	
Digoxin	Plasma	ng/ml	0,9 - 2,0	m / w	
Gentamicin	Plasma	µg/ml	Peak: 6 -10	m / w	
			Tal: 0,5 - 2,0	m / w	
Phenytoin	Plasma	µg/ml	5,0 - 20,0	m / w	
Valproin-säure	Plasma	µg/ml	50 - 100	m / w	
Vancomycin	Plasma	µg/ml	5 - 40	m / w	
	Thera-peuti-scher Bereich		5 - 10	min.	
			20 - 40	max.	
Ethanol	Plasma	g/l	< 0,5	m / w	
	Blut	‰	< 0,5	m / w	
Ampheta-mine	Urin	ng/ml	< 300	m / w	< 300
Barbiturate	Urin	ng/ml	< 300	m / w	< 300
Benzodia-zepine	Urin	ng/ml	< 300	m / w	< 300
Bupre-norphin	Urin	ng/ml	< 10	m / w	< 10
Cannabis	Urin	ng/ml	< 50	m / w	< 50
Cocain	Urin	ng/ml	< 300	m / w	< 300
Metamphe-tamine	Urin	ng/ml	< 300	m / w	< 300
Methadon	Urin	ng/ml	< 300	m / w	< 300
Opiate	Urin	ng/ml	< 300	m / w	< 300
Tricycl. Anti-depressiva	Urin	ng/ml	< 1.000	m / w	< 1.000

25.17 Blutgasanalyse (Säure-Basen-Haushalt)

Analyt	Material	Einheit	Erwachsene Normalbereich	Geschl./ Alter	Kinder Normalbereich
pH	art. Blut, kap.		7,35 - 7,45	bis 3 Tg	7,312 - 7,473
pO_2		mmHg	74 - 108	bis 3 Tg	28,5 - 48,7
pCO_2		mmHg	26,0 - 42,0	bis 3 Tg	32,8 - 61,2
BE*		mmol/l	± 2,5		(-) 2,5 bis (+) 2,5
akt. HCO_3^-		mmol/l	22,0 - 29,0		22,0 - 29,0
ges. CO_2		mmol/l	0,0 - 20,0		0,0 - 20,0
O_2 - Sättigung		% Sätt.	94,0 - 98,0	art. m / w	94,0 - 98,0
		% Sätt.	65 - 80	gem. venös	65 - 80

* BE = Basenüberschuss (Baseexcess)

25.18 Gerinnung

Analyt	Material	Einheit	Erwachsene Normalbereich	Geschl./ Alter	Kinder Normalbereich
AT III	Citratblut	%	80 - 120	m / w	
		%		bis 18 J	95 - 148
		%		bis 10 J	97 - 149
		%		bis 6 J	111 - 160
		%		bis 6 Mon	28 - 80
		%		bis 1 Mon	48 - 108
Blutungszeit	Citratblut	min**	< 6	m / w	
		min		6 - 12 J	< 12
		min		1 - 5 J	< 10
D - Dimer	Citratblut	ng/ml	0 - 232	m / w	
Fibrinogen	Citratblut	mg/dl	150 - 450	m / w	
		mg/dl		bis 18 J	216 - 553
		mg/dl		bis 10 J	189 - 462
		mg/dl		bis 6J	231 - 453
		mg/dl		bis 1 J	133 - 376
		mg/dl		bis 6 Mon	150 - 387
		mg/dl		bis 3 Mon	150 - 379
		mg/dl		bis 1 Mon	162 - 378
		mg/dl		bis 5 Tg	162 - 462
		mg/dl		bis 1 Tg	167 - 399
PTT (Partielle Thrombo-plastinzeit)	Citratblut	sec	26,0 - 36,0	m / w	
		sec		bis 18 J	28,0 - 44,0
		sec		bis 14 J	27,0 - 41,0
		sec		bis 10 J	28,0 - 42,0
		sec		bis 7 J	27,0 - 39,0
		sec		bis 3 J	29,0 - 41,0
		sec		bis 1 J	29,0 - 47,0
		sec		bis 6 Mon	33,0 - 75,0
		sec		bis 3 Mon	29,0 - 50,1
		sec		bis 1 Mon	32,0 - 55,2
		sec		bis 5 Tg	25,4 - 59,8
		sec		bis 1 Tg	31,3 - 54,5
PTZ (Thrombin-zeit)	Citratblut	sec	14,0 - 21,0	m / w	
		sec		bis 6 Mon	19,8 - 31,2
		sec		bis 3 Mon	20,5 - 29,7
		sec		bis 1 Mon	19,4 - 29,2
		sec		bis 5 Tg	13,0 - 25,0
		sec		bis 1 Tg	19,0 - 28,3
Quick (Thrombo-plastinzeit)	Citratblut	%	70 - 115	m / w	
		%		3 Mon	65 - 100
		%		bis 4 Wo	40 - 100
		%		bis 5 Tg	58 - 100
		%		bis 1 Tg	55 - 100
Quick - INR (Internatio-nal normier-te Ratio)	Citratblut	INR	0,85 - 1,15	m / w	
		INR		bis 3 Mon	1,32 - 1,00
		INR		bis 4 Wo	1,92 - 1,00
		INR		bis 5 Tg	1,55 - 1,00
		INR		bis 1 Tg	1,50 - 1,00
Rivaroxaban (F Xa)	Citratblut	ng/ml	< 0,1	m / w	